城市供水管网韧性测定
及其增强策略研究

双 晴 著

北京交通大学出版社

·北京·

图书在版编目（CIP）数据

城市供水管网韧性测定及其增强策略研究 / 双晴著. —北京：北京交通大
学出版社，2023.6

ISBN 978-7-5121-4998-4

Ⅰ. ① 城…　Ⅱ. ① 双…　Ⅲ. ① 城市供水系统-管网-韧性-研
究　Ⅳ. ① TU991.33

中国国家版本馆 CIP 数据核字（2023）第 099597 号

城市供水管网韧性测定及其增强策略研究
CHENGSHI GONGSHUI GUANWANG RENXING CEDING JI QI ZENGQIANG CELÜE YANJIU

责任编辑：刘　蕊

出版发行：北京交通大学出版社　　　电话：010-51686414　　http://www.bjtup.com.cn
地　　址：北京市海淀区高粱桥斜街 44 号　　邮编：100044
印 刷 者：北京虎彩文化传播有限公司
经　　销：全国新华书店
开　　本：170 mm×235 mm　　印张：7.875　　字数：119 千字
版 印 次：2023 年 6 月第 1 版　　2023 年 6 月第 1 次印刷
定　　价：42.00 元

本书如有质量问题，请向北京交通大学出版社质监组反映。
投诉电话：010-51686043，51686008；传真：010-62225406；E-mail：press@bjtu.edu.cn。

前　言

　　城市供水管网是城市关键基础设施系统之一，是城市社会安全、经济发展和公共健康的重要支撑，其稳定性和可靠性是保证人民生活质量和城市机能正常运转不可或缺的因素。随着经济的发展和科学技术的进步，城市规模迅速扩大，城市人口和财富高度集中，供水管网已发展为具有许多分支和交互连接边的复杂网络。然而，由于地理空间分布的相关性，城市供水管网对突发灾害具有高度的敏感性和脆弱性。为提升城市供水管网抵抗突发事件的能力，本书从多学科综合角度，研究城市供水管网韧性的测定，保证城市供水管网在失效状态下的安全有效供水，提高城市供水管网对突发灾害的抵抗能力。

　　本书以城市供水管网为研究对象，全面论述了城市供水管网韧性研究成果，系统介绍了复杂网络级联失效理论和韧性理论。在此基础上，综合应用复杂网络级联失效理论、供水管网水力计算方法、韧性评价理论，深入研究了城市供水管网在失效触发后的网络级联反应过程及网络结构和功能的变化，并在此基础上开展了增强策略研究。本书对于城市管理人员、工程管理专业人员、城市生命线工程研究人员和高等学校相关专业的师生有一定的参考价值。

　　本书重点论述内容如下。

　　（1）提供了量化城市供水管网韧性确定方法的综述。将韧性定量研究方法划分为4组。首先描述了城市供水管网韧性中的3种基本能力，即吸收能力、恢复能力和适应能力。然后论述了代理方法、模拟方法、网络方法和失效检测与隔离（FDI）方法的评价指标和研究进展，并总结了每种方法的局限性。随着系统复杂性和性能标准的提高，城市供水管网性能的不确定性在不断演变，对定量评价城市供水管网韧性提出了新的挑战，未来的工作需要面对这些挑战。本书分别针对 3 种基本能力讨论了城市供水管网所面临的新挑战，重点分析了对失效的快速响应、长期优化和多场景、多阶段耦合分析。

（2）提出了一种基于仿真的城市供水管网韧性吸收能力评估方法。模拟了基于管段的蓄意攻击情境。所提出的模拟算法考虑了攻击模式、管网用水供需平衡、阀门位置和压力约束影响导致失效传播的过程。评估了城市供水管网韧性吸收能力和失效传播时间的动态响应过程。进而讨论了阀门位置布置策略对城市供水管网韧性吸收能力提升的影响，借助阀门布置率的转折点确定了能显著降低城市供水管网韧性吸收能力的关键管段，采用改进的阀门调整方案和随机定位方案并进行比较分析。结果表明，采用阀门增强策略，能够有效提高城市供水管网韧性吸收能力，抵抗突发失效。

（3）基于水力计算理论和复杂网络理论，在城市供水管网韧性指数和拓扑指标计算的数据基础上，建立了城市供水管网拓扑与韧性响应模型，揭示拓扑指标与供水系统韧性的响应关系与匹配程度。从能量视角通过 Matlab 调用水力模拟软件 Epanet 进行韧性指数的计算。从拓扑角度基于复杂网络理论确定了 6 个关键拓扑属性，即连通性、效率、中心性、多样性、鲁棒性和模块性。利用随机森林算法建立城市供水管网韧性与拓扑响应模型。融合功能特征、结构特征和类型特征所对应的指标，通过随机森林算法进行特征重要性排序，揭示基于能量的韧性指数和基于拓扑结构的拓扑指标之间的关联度，探究可全面评估城市供水管网韧性的指标。

（4）建立了城市供水管网韧性多目标优化模型。目标同时考虑了最小化最大压差和最低成本，并将管径作为优化决策变量，以质量和能量守恒定律、节点水压、标准管径作为约束条件，利用扩展的 PSO 计算帕累托前沿，分析了小型城市供水管网和中型城市供水管网对突发事件失效的敏感程度。

（5）提出了城市供水管网韧性增强策略。有必要将韧性作为评估城市供水管网性能的重要标准之一，具体可从保障不确定性需求条件下城市供水管网服务功能、增强城市供水管网冗余设计、加强城市供水管网失效检测和监测管理、积极推进城市供水管网更新改造工程方面开展。未来，水务部门和相关政府部门可以参考这些策略开展城市供水管网韧性规划建设工作。

本书出版获得了中央高校基本科研业务费专项资金资助（supported by the Fundamental Research Funds for the Central Universities）（2019JBW007），同时获得了教育部人文社会科学研究青年项目（20YJC630121）、北京市社会科学基金项目（18GLC070）、国家自然科学基金青年基金（71501008）资助。

作　者
2023 年 2 月

目　录

第 1 章

城市供水管网韧性定量
研究方法概述

1.1　城市供水管网韧性研究背景和意义

　　城市供水管网是城市关键基础设施系统之一，是城市社会安全、经济发展和公共健康的重要支撑。和其他基础设施系统类似，城市供水管网是由大量的组件，如管段、泵站、阀门、水库、水塔等连接而成的网络。单一或多个组件失效会对供水管网造成非常不利的影响。因此，改进系统可靠性并削减系统对失效和扰动的敏感性是系统工程师和水务管理者需要在供水管网设计、运行和保护中重点考虑的问题。

　　城市供水管网对故障和干扰很敏感。城市供水管网中一个或多个组件的故障会对系统操作产生不利影响，还可能导致其他组件失效形成故障的连锁反应。例如，1906 年旧金山地震摧毁了 3 条主要供水管段，并破坏了数千条管径较小的供水管段。管段中断导致的断水造成地震引起的火灾持续了 3 天，数百人死亡，财产损失高达 4 亿美元。1976 年唐山地震使供水中断了一个多星期。1994 年北岭地震摧毁了 74 条主供水管段，造成约 1 200 条供水管段泄漏，供水中断持续几个星期。1995 年神户地震造成 4 000 多条供水管段损坏，造成 120 万用户断水。只有三分之一的供水管网在一周后被修复，而修复全部供水管网耗时两个半月。2008 年汶川地震影响了四川省 181 个城市，破坏了 47 642.5 公里的供水管段。一些城市（如都江堰市和绵竹市）在这次地震发生后的一年时间里仍然无法正常供水。

城市基于城市需求建立了城市供水管网，并基于此建立了相应的可靠性保障和风险规避措施。例如，节点压力允许在最大压力值和最小压力值之间波动以应对需求变化的情况，水塔可以在需求降低时存水并在供水不足时提供额外的水。然而，供水管网的管理系统和其所依赖的物理基础设施需要应对诸多前所未见的不确定性因素。例如，气候变化对社区的影响程度越来越严重，全球气候变化导致的海平面上升、极端气候引起的地震、暴雨和热浪等导致城市供水管网需要重新评估水资源供给和需求的均衡问题。此外，城市供水管网系统老化、发展过程中未充分考虑城市和环境的相关关系导致城市在面对极端气候时出现较大的脆弱性。再如，城市快速发展导致的人口、财务的高度集中，交互基础设施的紧密关联所导致的级联失效现象会加剧灾害的影响力和破坏力。这些问题引起社会科学和工程科学领域的重视，并强调不能仅仅从可靠性和风险的角度来思考城市供水管网，而应当在其可适应性、灵活性上给予更多关注。

为了应对城市供水管网在气候变化和失效问题下面临的新挑战，需要从失效、可靠性、风险、脆弱性和韧性角度来重新衡量系统性能。

城市供水管网的失效可以划分为两类：（1）机械失效，关注管网组件（如管段、水泵、阀门、水池等）的失效导致的管网拓扑结构变化；（2）水力失效，关注城市供水管网在需求变化、管网老化、水源供给不足情况下不能满足用户需求的情况。城市供水管网可靠性的研究需综合评价机械失效和水力失效。

城市供水管网可靠性的定义为：给定情况下供水管网在规定时间内满足用

户对流量和压力要求的概率。可靠性广泛应用于水资源规划中。可靠性的对立面就是风险，风险或者说失效概率可简单理解为 1 减去可靠性。然而，可靠性和风险都是从概率的角度来进行描述的，没有描述系统失效可能导致的严重或系列后果。

脆弱性描述了失效发生的后果。需要注意的是，即使发生概率很小的扰动也可能触发严重的后果。这是由于在成本限制的前提下，很少有系统可以做到足够大或足够冗余来承担一切失效的可能性。例如，在复杂网络的研究中，无标度网络在随机攻击下表现出极强的鲁棒性，但在蓄意攻击下又表现得极其脆弱。这就是无标度网络的鲁棒但脆弱特性。无标度网络的这一特性在基础设施网络中得到验证。然而，在关于脆弱性的研究中，并未描述系统如何从失效中恢复或系统需要多长时间从失效中恢复。

因此，可靠性描述了系统正常工作的概率，脆弱性描述了系统失效后的严重后果。那么，当失效产生一定后果后，系统应如何从失效状态中恢复过来呢？或者说，系统能够多快从失效中恢复？系统能够恢复到什么程度呢？为了回答这些问题，需要从韧性的角度来重新看待城市供水管网。

韧性一词最早是一种生态描述术语，生态学家将生态韧性表达为生态系统在压力下保持同样的多物种结构的能力。工程韧性定义为系统在经历扰动事件后重新回归均衡点所需的时间。关键基础设施韧性定义为系统抵抗或阻止可能的灾害，吸收损失并恢复到正常状态的能力。水资源系统中韧性定义为失效发生后，系统从失效状态恢复到满意状态的速度。美国国家科学院定义韧性为应对、吸收、修复并成功适应不利事件的能力。社会生态系统将生态弹性的概念扩展到适应变化的能力及自组织能力。可见，在不同的研究领域均展开了对韧性的研究。

韧性最关键的特点是强调了从失效或不满意状态恢复到满意状态的能力。基于该关键特点，韧性研究方法是确保城市供水管网抵抗灾害、从灾害中快速响应并恢复及适应不确定环境的重要支撑。其定量和定性研究方法需要结合供水管网属性，从环境、组织、社会、经济、人类行为等多方面进行耦合分析。本章主要关注供水管网韧性的定量研究方法。借助定量研究方法，决策的制定者可以分析并对比不同韧性增强策略，并结合供水管网地理属性和社会需求展开分析，以保证供水管网这一关键基础设施系统维持正常有效运转。

本章对现有供水管网韧性定量研究方法展开综述，总结各定量研究方法特点，并指出未来可供研究的方向。

1.2 综述研究方法

1.2.1 关注问题

在调研现有的关于城市供水管网韧性的文献时，主要关注了以下问题。

（1）城市供水管网韧性的能力是什么？

（2）现有研究中，采用了哪些定量方法来测量城市供水管网韧性？

（3）已有韧性定量研究方法的优缺点是什么？

（4）城市供水管网韧性研究方法所面临的挑战是什么？

1.2.2 检索策略

在学术数据库中检索了与城市供水管网韧性相关的论文。其中，Web of Science 数据库是最大的跨学科文献参考平台之一，此外，还参考了 Science Direct，Springer Link，Taylor & Francis Journals Online 等数据源。论文类型和搜索方法分别为"期刊论文"和"主题搜索"。论文搜索不局限于地理位置及规模。语言设置为英语。

1.2.3 分析过程

通过检索策略生成了可能与城市供水管网韧性研究相关的一系列参考文献。首先，合并了来自不同数据库和发布者的引用记录，以消除重复的论文项。其次，按以下步骤对论文进行了过滤。

（1）领域过滤：通过标题确定与水资源和土木工程相关的论文入选。

（2）方法过滤：通过摘要和关键词将论文划分为定性和定量两种方法。其中，定性方法指在没有数值描述的情况下评估城市供水管网韧性，而定量方法则需要进行数学计算。

（3）术语过滤：通过与城市供水管网相关的术语进行进一步过滤，剔除水资源系统、雨水、废水、灌溉和海水淡化相关的论文。

（4）采用 CiteSpace 软件对城市供水管网韧性的定量方法进行了聚类。

1.2.4 检索结果

最初的检索结果产生了 1 508 篇可能相关的参考文献。其中，803 篇文献关注于水资源和土木工程。67 篇文献采用了定性研究方法，共包括 48 篇案例研究、9 篇访谈研究、7 篇调查研究和 3 篇理论框架讨论。最终，137 篇文献关注城市供水管网韧性的定量研究方法。

利用 CiteSpace 软件分析文献，并生成了可视化网络。在关键字共现网络中有 55 个节点和 121 条边。聚类分析检测到 6 个聚类标签，分别为供水系统（water distribution system）、代理方法（surrogate measure）、韧性指数（resilience index）、模拟（simulation）、FDI 和复杂网络（complex networks）。城市供水管网韧性定量研究方法聚类标签如图 1.1 所示。标签按参考文献数量降序排序，从最大聚类群#0 供水系统降序排序至最小聚类群#5 复杂网络。

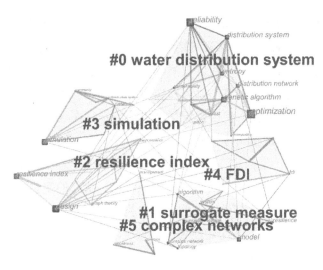

图 1.1　城市供水管网韧性定量研究方法聚类标签

将 6 个聚类标签合并为 4 个。第一项标签是供水系统，属于领域标签，但并不是韧性定量研究方法。其他 5 个标签标记了韧性定量研究方法。韧性指数属于代理方法，将其合并到代理方法中以提高聚类的清晰度。城市供水管网性能指标提供了有关系统能力的信息。一些指标需要很高的计算成本。出于这个原因，研究人员提出了间接评价方法作为代理方法。其中最常用的代理指标之一是韧性指数。

最终聚类出 4 类城市供水管网韧性定量研究方法。代理方法表现为韧性指数、修正韧性指数、网络韧性、流量熵和剩余能量因子。网络韧性提升了韧性指数，虽然其名字是"网络"，但它属于代理方法，因为其关注供水管网可靠性与剩余功率。模拟方法包括需求驱动分析和压力驱动分析；网络方法包括图论和复杂网络理论；FDI 方法包括基于水力和基于水质的故障检测方法。

1.3 韧性定量方法

1.3.1 韧性的 3 个能力

已有文献尚未形成对城市供水管网韧性的统一定义。研究者根据自己的研究重心和测量方法对城市供水管网韧性进行了不同定义，但这些不同的定义存在一些共同的特征。Xu 等[1]通过自然语言处理方法对多领域韧性进行了统计比较分析。结果显示，"恢复"比"稳定性""适应性""可转化性""脆弱性""稳健性""阻力""弹性"使用得更加频繁，特别是在水工程系统中。在韧性的研究中，"恢复"是指在特定的时间尺度内从一个失效或不令人满意的状态中恢复过来的能力。鉴于其跨学科性质，韧性并不一定意味着系统能够从干扰状态恢复到其以前的状态。例如，在生态系统中，状态的变化是很难或不可能逆转的。在这种情况下，韧性必须针对多个稳定状态进行分析与测量。本章中的韧性关注于工程背景，其均衡性表现为一个单一的静态状态，即城市供水管网可以恢复到扰动或失效发生前的平衡状态以保证有效的供水功能。

城市供水管网是一种资源基础设施系统，其韧性要求在系统的规划中，考虑具备减轻灾害或减小突发事件影响的能力，具备对灾害或突发事件的抵抗能力，最重要的是具备从灾害或突发事件中高效恢复的能力。供水管网韧性的研究更具系统性、长效性，更加关注基础设施系统和资源系统的相互依存关系和演变规律。考虑到各学科和水工程系统中的韧性能力，给出城市供水管网韧性定义为：城市供水管网能够容忍并吸收局部失效，在遭受灾害或突发事件后，供水管网能够承担足够的破坏后果，具备快速恢复并维持基本功能的能力，且能够适应长期变化的环境和不确定性扰动。

与该定义相对应的韧性应具有3项基本能力：吸收能力、恢复能力和适应能力。对这3项能力的具体描述如下。

吸收能力：城市供水管网能够容忍可接受幅度内的局部失效并保持系统服务功能的能力。吸收能力的评价涉及正常服务值和功能临界值。由此引出与吸收能力相关的两种状态：① 正常服务状态，相当于供水管网的基准线；② 功能临界状态，即城市供水管网能够容忍的最大扰动，若超过该扰动范围，则城市供水管网服务功能显著退化，无法自行修复。与吸收能力相关的改进策略包括：① 加强对关键组件的保护使其能抵抗随机失效；② 加强对供水管网的实时监督和管理；③ 增加系统冗余度来吸收不确定性。

恢复能力：城市供水管网服务功能退化后能够在一定时间内恢复的能力。要求能够快速识别失效组件，采取措施进行组件修复，使其尽快恢复到失效发生前的服务水平或能够满足用户基本供水要求。恢复能力可以进一步划分为恢复程度和恢复时间。恢复程度受到修复预算（如基金、修复材料和其他消耗品）的限制，表现在城市供水管网在采用恢复策略后所能达到的最终性能；恢复时间指城市供水管网从功能退化状态恢复到正常状态所需的时间，恢复时间的长短取决于恢复资源量和所选用的恢复资源分配策略及恢复计划。根据恢复程度和恢复时间，供水管网的恢复能力又可以进一步划分为应急恢复和灾后修复。其中应急恢复强调了灾后短时间内恢复城市供水管网的基本服务功能；灾后修复强调将城市供水管网能力恢复至灾前水平。与恢复能力相关的改进策略包括：① 从管理和组织的角度设计应急响应方案；② 失效位置和失效功能削减的快速识别；③ 失效点所在区域的有效隔离；④ 应急策略的制定；⑤ 有效分配修复资源和高效修复失效组件。

适应能力：城市供水管网能够适应长期变化的环境和不确定性扰动并维持

7

服务功能的能力。例如，由于气候变化，基于历史降雨数据并不能准确预测未来出现高强度降雨及洪涝灾害的概率。因此，要求城市供水管网能够适应不同评价层级、多工况下的不确定性。与适应能力相关的改进策略包括：① 优化组件以适应气候变化所导致的自然灾害，如地震、洪水等；② 增加关键组件的吸收能力以抵抗蓄意攻击及由此引起的管网内部级联失效；③ 强化关联基础设施连接点以减少基础设施间的大范围级联失效；④ 定期识别老旧供水管网组件服务状态并更新。

响应灾害和气候变化等干扰的系统可能存在于几种均衡状态中的任何一种状态。例如，在生态系统中，系统可以从一种配置转变为另一种性质不同的配置，这意味着存在多个稳定状态。与生态系统不同，工程系统的恢复力是通过从干扰到恢复正常功能之间的时间来衡量的。城市供水管网是一类必须恢复到扰动前均衡状态的工程系统。城市供水管网韧性的吸收、恢复和适应能力可以利用图 1.2 来进行表示。吸收能力表示供水管网在 $T_0 \sim T_1$ 的日常运行中能够抵抗一定程度内的局部失效和微小扰动。极端事件发生后，供水管网服务性能下降至 T_2 时刻最低值。恢复能力可划分为两个阶段：$T_2 \sim T_3$ 时段为应急恢复阶段，供水管网服务性能在短时间内有所提升，但无法提升至初始状态；$T_3 \sim T_4$ 时段为灾后修复阶段，可采取策略将供水管网性能提升至灾前水平。适应能力关注供水管网应对气候变化或极端事件的长期能力。T_4 之后时段表示对供水管网韧性采取增强策略以抵抗未来极端事件的不确定性。

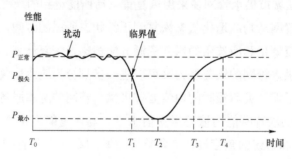

图 1.2　城市供水管网韧性的吸收、恢复和适应能力

1.3.2 代理方法

代理方法是一种基于可靠性的代理，主要利用剩余能量、冗余性和灵活性评估城市供水管网网络–冗余分析。代理方法可以进一步融合到单目标或多目标优化中。该方法目前已经得到了广泛的研究和应用。

1. 指标

韧性指数（resilience index，RI）和流动熵已被广泛地应用于代理方法。RI 首先由 Todini[2]提出，用来描述每个节点上的富余水头。RI 是一种全局性指标，它不能评估每个节点的韧性。Prasad 等[3]考虑到网络冗余的影响，进一步将 RI 发展为网络韧性指数。网络韧性指数评估了富余水头和可靠环状管网。Jayaram 等[4]将修正韧性指数（modified resilience index，MRI）定义为富余能量与需求能量的比率。与 RI 不同，MRI 可以评估单个节点的韧性。

流动熵测量的是城市供水管网韧性评估中的冗余度和灵活性。冗余意味着在网络中有多条供水路径可用。当某个特定的供水路径失效时，水可以通过其他供水路径进行分流，以满足需水节点的供给要求。Awumah 等[5]首先将熵的概念应用于城市供水管网。Tanyimboh 等[6]进一步将流量熵应用于城市供水管网韧性设计。

2. 研究进展

研究者对代理方法进行了改进、优化和比较。改进方面，Creaco 等[7]指出 RI 指标的计算是需求驱动分析的，他们展示了一种基于压力驱动分析的广义 RI，从而能够更好地分析城市供水管网渗漏情况。Jeong 等[8]指出对于位于较高高程地区的 WDNs，需求水头会由于高程而增加，从而会间接导致 MRI 的降低，因此，有必要通过重新计算每个节点高程来获得更加准确的 MRI。代理方法也可以组合为单目标或多目标优化问题。Zheng 等[9]、Wang 等[10]、Bi 等[11]和 Suribabu[12]利用最大化网络韧性指数和最小化网络成本进行多目标优化。其他研究人员（Alvisi 等[13]、di Nardo 等[14]，Campbell 等[15]）结合图论将 RI 应用于供水系统独立计量区域来有效管理漏损和压力。对比研究方面，Raad 等[16]、Banos 等[17]、Greco 等[18]和 Tanyimboh 等[19]对比了代理方法、混合可靠性指数、流量熵、网络熵和剩余能量因子在城市供水管网韧性性能上的表现。

3. 局限性

代理方法可以开展有效计算，并可以嵌入多目标优化，以分析城市供水管网韧性。它们为基于场景的分析提供了一个有效策略，并可以集成其他建模技术来支持韧性决策。代理方法属于一种确定性模型。确定性模型的产出是通过不同输入变量及其之间精确的相互关系确定的，却没有随机变化的空间。因此，在考虑不确定性响应的评估中，确定性方法必须与其他方法相结合。例如，Banos 等[17]指出，代理方法没有考虑到过度需求或不确定性条件下用水需求转移。此外，虽然替代措施确保了较高的故障抵抗和吸收能力，但它们没有考虑从故障中恢复的时间及所需配备的资源量。

1.3.3 模拟方法

模拟方法主要用于处理各种不确定性变化，如时间、多故障场景和需求变化。

1. 指标

模拟方法按其计算过程可采用离散或连续两种方法度量。这两种方法都能捕捉到系统中不断变化的需水量和水质，其区别在于信息的传递时间，即在考虑时间节点还是考虑时间段上有所不同。离散度量方法计算由人工时间步长设定的离散时间节点上的城市供水管网韧性，该人工时间步长依赖于模拟的迭代过程。Hashimoto 等[20]将城市供水管网韧性定义为在一个时间步长内从故障中恢复的平均恢复率。Zhuang 等[21]将可用性定义为系统韧性的度量设定为每个节点韧性的汇总，节点韧性表现为系统故障离散时间点上总可用需求与总需水量的比值。相反地，连续度量方法会计算出不同时间段内的韧性。城市供水管网的性能被表示为一段时期内功能性能曲线下的面积。Ouyang 等[22]将基于时间的韧性指标量化为沿时间轴的实际性能曲线与目标性能曲线的面积比。

2. 研究进展

Ouyang 等[22]评估了城市供水管网在抵抗灾害阶段、损伤传播阶段和恢复阶段的韧性性能。Zhao 等[23]用基于时间的韧性测量方法评价了两种灾后重建策略。其中，局部重建策略关注于震后管网组件抗震能力的提升，如局部管段重建，结构增强，建立泵站的电力后备支持；网络优化策略关注于整体提升供水管网的抗震能力，如增加网络网格，增加冗余，补充系统适应策略。他们还评估了在定量恢复预算和恢复资源下的短期应急能力。Zhuang 等[21]利用可用性评价城市供水管网韧性。借助可用性，系统韧性定义为一定周期内，供水管网总可利用流量和总需求流量的比值。指出机械失效和水力失效会造成管网压力下降并导致潜在的灾难性后果。为了能够从失效中恢复，提出采用自适应泵站和调整水塔容量的方式来适应机械失效或极端的水利失效。利用蒙特卡洛模拟，结合管段、水泵、阀门位置和需求变化评价了管段失效发生后供水管网长期韧性，得到泵站和水塔水位的优化组合方式。Cimellaro 等[24]将特定极端事件的控制时间分为 5 个阶段：正常运营阶段（基线）、极端事件触发后的阶段、第一次应急响应前的阶段、部分服务修复的过渡阶段和维修操作后的正常运营阶段。这些研究还模拟了城市供水管网韧性的动态演化过程。

失效工况上，不仅考虑了单灾种（如地震或火灾）造成的损害，还考虑多失效工况。Diao 等[25]开发了全局韧性分析方法，测试了城市供水管网对管段失效、需求过量和污染物入侵的响应能力，并确定了多失效模式和供水压力等级之间的关系。Klise 等[26]模拟了地震后城市供水管网组件损坏（水管和管段泄漏以及随之而来的水泵故障）。他们还针对水务公司需要足够的水量来满足消防需求的震后火灾工况进行了研究。

城市供水管网需求的变化通常是通过需求驱动分析和压力驱动分析两种方法来计算的。需求驱动分析提供了正常运行状态下完全满足城市供水管网节点需求的合理可靠计算结果。然而，当出现压力削减工况下实际可利用流量低于需水量情境时，需求驱动分析会产生不准确计算结果。出于这个原因，研究人员开发了压力驱动分析方法。压力驱动分析假设了基于压力的节点需求。该方法能够得到更真实的关键节点数及其压力分布状态。同时，压力驱动分析有效地避免了失效工况下的负水压问题。

常用于城市供水管网仿真模拟的软件包有 Epanet 和 WNTR。Epanet 是用于分析城市供水管网的主流开源软件，能够模拟城市供水管网水力和水质情况。它的延时分析功能可以用于评估城市供水管网未来的变化。Epanet 的动态链接库允许开发人员根据特定需求定制软件。尽管 Epanet 是基于需求驱动分析的软件包，但 Epanet 可以嵌入压力驱动分析，以获得更准确的结果。

Klise 等[26]开发了另一种开源软件包,即 Water Network Tool for Resilience (WNTR)。该软件包能够模拟多种灾害(如地震、污染事件和停电)工况后的城市供水管网拓扑结构、水力和水质变化情况。WNTR 的开发是对 Epanet 的扩展。它能够模拟破坏性事件,提供多种韧性增强策略,并通过压力驱动的分析获得压力和流量。表 1.1 展示了水力计算引擎 Epanet 和 WNTR 软件包的比较。

表 1.1　水力计算引擎 Epanet 和 WNTR 软件包的比较

软件包	生成管网模型	修改管网结构	修改管网运行状态	模拟管网水力和水质	分析结果并生成图表	基于时间变化的需求	失效工况设计	响应、修复、转移策略	执行概率模拟	韧性计算	水力模拟方法
Epanet	√	√	√	√	√	√					需求驱动分析
WNTR	√	√	√	√	√	√	√	√	√	√	压力驱动分析

3. 局限性

模拟方法赋予供水管网更多的细节,一般能够结合组件的结构和功能进行分析,并可以针对多种失效工况进行讨论。模拟方法应在失效工况上讨论更多的细节。例如,压力驱动和需求驱动的水利分析会产生不同的韧性评价结果。极端事件(如地震或污染物扩散)对供水管网韧性的影响程度会随着特定网络结构和需求的不同而产生不同的后果。此外,有必要对比供水管网在多失效工况下的韧性,并以此为基础发展韧性优化。供水管网会对某一种失效工况有较高的韧性而对另一种失效工况有较低的韧性。因此在设计恢复策略或适应策略时,不能仅对一种失效工况进行讨论,而应当从多工况角度综合提高供水管网的整体韧性。

模拟方法面临以下挑战：① 模拟方法中涉及的参数较多，模拟过程中水利参数和失效模式的组合造成计算量剧增，导致高昂的计算成本。② 模拟精度越细致，模拟所需的时间越长。因此在大型管网的使用上应考虑其模拟精度和模拟时间的可接受程度。③ 模拟方法、参数（如需水因子的变化）和真实管网的校准工作有待进一步讨论；分析模拟方法的假设、模拟过程是否合理，通过与实际供水管网的交叉校准提高模拟方法的准确性。

1.3.4 网络方法

网络方法评价指标来自图论或复杂网络理论。网络理论通过将城市供水管网抽象为节点–边的形式来分析其连通性。网络方法因其能够处理大规模的城市供水管网而引起了人们的广泛关注。

1. 指标

网络方法中的韧性指标可分为两种：网络连通性和网络冗余度。网络连通性指标用于划分独立计量区；最广泛使用的网络冗余度指标是边密度和节点度数。这两种指标均来自复杂网络理论，其衡量的重点是网络拓扑结构。

2. 研究进展

城市供水管网通常表示为节点（即水库、蓄水池和用户）和边（即管段和阀门）的网络。管网性能通常使用典型的管网运行参数进行评估，但设计和性能评估的额外指标可以从网络科学指标中获取。网络方法采用了图论或复杂网络科学的计算指标，如鲁棒性、脆弱性和网络效率。其韧性增强策略增加了城市供水管网冗余度。结合统计结构测量指标（如边密度、平均节点度、网络直径、特征路径长度、聚类系数、网格内性系数、中心点优势、连接点密度和桥梁密度）和谱分析指标（如谱间隙、代数连通度），Yazdani 等[27]通过局部分析和全局扩展策略分析了城市供水管网韧性。在低成本但具有有限规模扩展策略分析中，提高冗余度对于提高韧性是必要的。为了将拓扑结构与城市供水管网中的流量特征相结合，Yazdani 等[28]进一步发展了熵度数指标，同时考虑了连通性和通过每条管道的流量。di Nardo 等[29]提供了一个两阶段模型，该模型首先评估城市供水管网拓扑结构，然后用代理方法量化韧性。

网络方法的另一个应用是针对城市供水管网独立计量区（district metered

areas，DMA）的网络分区。城市供水管网的划分通常有两个步骤：第一步是聚类，其目的是定义网络子集。常用的聚类方法有宽度优先搜索、深度优先搜索、k－最短路径、谱聚类算法和多层次递归算法。第二步是划分，即通过插入流量计或阀门来划分网络。遗传算法等启发式优化技术可应用于本步骤中，达到最小化经济成本并最大化水力性能的目的。

3. 局限性

基于拓扑结构的网络理论方法提供了快速和实用的韧性计算结果。然而，城市供水管网还包括一些必须集成到网络分析中的非拓扑特性，如需求因素、阀门分布、管长、管径、老化因素和污染物等。这些城市供水管网特性不同于图论和网络科学的度量指标。网络指标与城市供水管网特性之间的校准和比较有待进一步讨论。

拓扑失效不仅会导致连接故障，还会间接造成节点压力或水质的变化。这些变化降低了城市供水管网的服务性能。拓扑度量指标仅描述了网络结构变化，而不能揭示整个城市供水管网功能特性的改变。城市供水管网的韧性取决于拓扑和基于消费者需求的水力属性。对城市供水管网韧性的评估有必要从纯粹的基于拓扑的方法或水力分析转向拓扑和水力相结合的方法。Zarghami 等[30]的两阶段研究方法分别通过边介数和基于熵的冗余指数来衡量局部和全局冗余。Meng 等[31]研究了全局韧性与拓扑属性之间的相互作用关系，指出只有空间和时间尺度受拓扑属性的强烈影响。单一的拓扑属性指标不能支持城市供水管网韧性设计。Farahmandfar[32]比较了基于拓扑和基于流的方法，指出基于拓扑的方法减少了模拟的计算时间，但也降低了修复的可服务性。

尽管基于拓扑的方法通常会减少计算时间，但基于流的方法能够产生更符合实际的计算结果，而这一点对于基于性能评估的城市供水管网很重要。基于拓扑的方法和基于流的方法之间的相关性需要进一步讨论。此外，城市供水管网韧性可以结合有针对性的功能函数来进一步提升。韧性需求取决于国家、地区、城市、人口分布和服务的工业需求。基于此，模拟城市供水管网的基本步骤是建立节点和边的网络拓扑模型，进而逐步探索网络的连通性和冗余性。而更深入的服务性能要求则需要考虑满足不同层级用户的供水需求。

1.3.5 FDI 方法

失效检测与隔离（fault detection and isolation，FDI）方法可以检测和定位城市供水管网中的失效情况，这对于提高城市供水管网韧性至关重要。FDI 方法能够直接协助水务管理者监测和识别失效事件。

1. 指标

FDI 方法通常通过时变指标实时监测水力和水质。压力和流量指标常用于城市供水管网漏损检测，受污染的水量和污染物感染数量常用于水质评价中。

2. 研究进展

FDI 方法适用于漏损检测和隔离。管段断裂或接头松动导致渗漏，最终造成城市供水管网失效。漏损带来了沉重的经济负担，并对用水用户产生负面影响，因此，漏损控制是水务管理者面临的主要挑战之一。Eliades 等[33]制定了一个自动故障诊断框架，通过对离散的 DMA 流入信号的傅里叶分析来捕获管段漏损变化。基于测量压力和估计压力之间的差异，Pérez 等[34,35]通过剩余失效灵敏度分析改进了城市供水管网中的失效隔离方法。Cugueró-Escofet 等[36]开发了一种验证和重建方法，利用空间和时间序列模型来保证传感器的数据质量。

FDI 方法还可以用于监测水质评价中的污染事件。Eliades 等[37]提出通过传感器监测污染物数据诊断大规模城市供水管网失效。作者同时开发了一种基于决策树[38]的实时决策支持系统。通过隔离污染源区域评估其可能产生污染影响。Lambrou 等[39]开发了一种低成本检测局部城市供水管网水质的方法。

传感器有必要按照最佳位置放置在城市供水管网中以监测漏损和水质。Hagos 等[40]通过二进制整数规划优化了传感器位置并使检测效果最大化。Sela 等[41]利用鲁棒混合整数规划优化和鲁棒贪心算法对部分传感器中断时的传感器输入数据进行了优化。

3. 局限性

城市供水管网已经发展成具有大量互联组件的大规模网络。FDI 方法处理结构和水力不确定性和失效传播的能力受到预算和传感器质量的限制。高性能的 FDI 方法需要配置大量高质量传感器，而这对水务部门来说可能是非常昂贵的。一些水务公司只能通过少量的传感器来检测标准性的质量指标，如 pH 和氯。传感器放置的成本效益优化仍需要进一步关注。同时，检测率和误报率之间的权衡也需要进一步探讨，在检测率最大化的同时，尽可能最小化误报率和检测时间。

1.4 韧性研究面临的挑战

供水系统工程的目的是满足用水需求。对系统实施的技术和管理措施有助于降低失效风险。在城市扩张、基础设施老化和气候变化等不确定性因素下，城市供水管网必须比过去更具韧性。不确定性因素极大地增加了针对城市供水管网服务性能的标准和功能的复杂性。工程和社会科学角度都对城市供水管网韧性提出了新的要求和挑战。

本节根据城市供水管网韧性的 3 种基本能力提出与定量韧性研究方法密切相关的新的挑战。新的挑战必须纳入现有的定量韧性方法，并通过匹配的解决方案设计实施。4 种韧性定量研究方法在其模型选择、公式推导和数据计算过程中表现出独有的特征。通过理解这些新的挑战，研究人员和决策者可以选择最能有效达到其目的的定量研究方法。然而，解决新的挑战可能需要两种或多种定量研究方法来形成组合或混合的定量研究方案。识别这些新的挑战将有助于研究者更好地利用各种韧性定量研究方法的特点，补足它们的局限性，以实现对新的挑战的全面响应。表 1.2 总结了城市供水管网韧性研究的挑战、韧性能力和效果。

表 1.2 城市供水管网韧性研究的挑战、韧性能力和效果

挑战	韧性能力	效果
蓄意攻击	吸收能力	降低脆弱性； 识别城市供水管关键组件

续表

挑战	韧性能力	效果
专家知识	吸收能力	分析运营状况、公众信心等定性因素； 辅助评估不确定因素阈值
多工况耦合分析	吸收能力	评估灾害的放大效应； 掌握多工况耦合失效的动态演化； 理解多失效模式的关联性和敏感性
应急恢复	恢复能力	关注基本供水服务的保证； 为灾后扰动提供支持； 提高城市供水管网服务功能； 降低次生灾害发生的可能性
灾后修复	恢复能力	使供水服务性能恢复到正常运行状态； 优化城市供水管网空间分布； 增加冗余度以提升城市供水管网供水路径灵活性； 增加后备支持系统； 重建城市供水管网以降低下一个可能发生灾难的影响
气候变化效应	适应能力	加强应对气候变化； 关注高损失但低概率的失效事件； 对发展中的城市供水管网韧性进行层次分析
社会、技术耦合分析	适应能力	提供在技术和社会领域的见解； 将政治、组织、经济、社会和环境的影响引入韧性评估和增强策略； 关注消费者行为在选择策略中的不确定性

挑战	韧性能力	效果
数据可用性	适应能力	利用拓扑结构、地理位置、运营状况、漏损情况、紧急资源和消费者需求的相关数据构建虚拟城市供水管网模型； 校准虚拟城市供水管网模型； 利用历史数据为韧性分析提供长期支持
关联基础设施	适应能力	降低城市供水管网对其他基础设施系统的关联性影响； 减少级联失效效应以避免大规模故障

1.4.1　韧性吸收能力面临的挑战

1. 蓄意攻击

已有研究中较多采用随机失效，然而，根据复杂网络级联失效理论，基础设施系统多存在鲁棒但脆弱的特性，这意味着基础设施系统能够抵抗随机失效，但在蓄意攻击下却表现得极为脆弱，甚至可能产生大范围的级联失效。化学/生物、网络安全和物理攻击是蓄意攻击的主要类型。化学/生物攻击对城市供水管网水质产生影响；网络安全攻击对在监控和数据采集系统上捕获的信息和数据进行攻击；在城市供水管网中，对管段、水泵、蓄水池和其他组件的物理攻击概率很高。因此，在进行供水管网韧性研究时，对失效工况的设计除了随机失效还应当考虑蓄意攻击。

2. 专家知识

城市供水管网韧性评价指标中最常使用节点水压和水龄来分别表现水力有效性和水质。这两个参数所反映出的有效性在于临界值的设定。临界值用于判断是否出现失效。例如，高节点水压会导致高维护费用和渗漏风险，而过低的节点水压会造成用户需求无法满足。增长的水龄会导致微生物增长，威胁公共用水安全。因此，临界值的设定关乎整个管网性能评价。然而，不同国家、地区、城市和建筑物类型对参数临界值的设定不同。且随着城市供水管网使用时间的增加，临界值的设定需要结合管网实际使用情况进行调整。例如，城市供水管网可能会出现因老旧管网组件无法承受较高水压而导致爆管现象；新增大型工厂或超高层建筑导致需求增加，使当前节点水压较低而无法满足用水需求；管段由于多年使用造成老锈，导致水质下降等问题。因此，临界值的设定需要结合管网实际情况和领域专家知识来设定。此处，专家知识可从两方面进行讨论。首先，开展管网的调研工作，分析用户并识别其需求和责任，建立长期的用户反馈机制。其次，结合用户实际需求和管网检修报告、监测报告等反映管网实际情况的资料，邀请专家分析管网临界值的设定。

3. 多工况耦合分析

供水管网是一种空间分布网络，不仅要满足地理要求，还要满足用户用水需求。此外，从历史发展角度看，供水管网是动态变化的。当城市扩张或城市需求改变时，供水管网会针对不同的社会需求调整其网络结构或更换网络组件。因此每个城市的供水管网都有其独特的属性，仅考虑某一种特定失效情况无法满足城市供水管网韧性的要求。不同城市供水管网对极端事件的容忍程度不同。对某一种失效模式韧性的增加，可能会降低另一种失效模式韧性。多工况耦合分析可关注以下两种情况。

1）多灾害种类耦合

极端事件的发生往往可能导致次级灾害的产生。例如，地震造成城市大量供水管段失去服务功能，无法满足震后居民的用水需求。与此同时，地震可能导致震后火灾的发生，而火灾会进一步加重城市供水管网的负担。这种情况被称为灾害的放大效应。它会更大程度地削减灾后供水管网性能，降低系统弹性。

2）多失效类型耦合

供水管网一般存在两种失效类型，即结构失效模式和功能失效模式。结构失效模式描述了供水管网的不连通性，而功能失效模式关注服务性能。仅考虑结构失效无法全面评价供水管网的失效行为。例如，图论理论和网络分析能够给出快速的韧性评价，但电力系统中研究学者指出结构失效模式和功能失效模式的计算结果是不相关的。同理，有必要比较城市供水管网两种失效模式的相关性。城市供水管网中，通常需要利用水力计算来评价功能失效。水力计算能够提供关于需求变化的细节并给出组件设计建议。基于结构和功能的失效模式分析能够将供水管网处理为具有供给节点、传输节点和需求节点的异质网络，有必要在结构失效的基础上关联供水管网功能失效，从而更好地分析系统对特定失效时间的动态变化过程。

　　此外，某种失效模式韧性的增加可能会降低另一种失效模式的韧性。例如，水塔由于可以临时存储水资源，能够抵抗由于管段失效导致的缺水情况，满足供水需求变化情况下的灵活性和承载力。然而对抵抗污染物入侵来说，大容量的水塔可能会出韧性的负面因素。一旦水塔被污染，污染物将随着供水管网的管段进行传播，并严重降低污染物入侵的韧性。因此，仅从供水管网某一种失效模式来进行考虑是不充足的，韧性的评价应从多种失效模式综合的角度进行关联分析。

1.4.2　韧性恢复能力面临的挑战

　　失效对城市供水管网性能造成不可自行恢复的影响后，其恢复能力可分为两种：（1）应急恢复；（2）灾后修复。二者在策略选择和恢复周期上存在明显不同。首先，在关注点上，短期应急恢复关注于应急方法的选择和避免次生灾害，长期灾后修复关注于原始系统的性能强化措施。其次，在时间上，短期应急恢复通常持续几天到几周，而长期灾后修复则持续数月。因此，城市供水管网的恢复能力有必要从应急恢复和灾后修复两个角度开展进一步的研究。

1. 应急恢复

　　已有的研究成果中对供水管网灾后短时间内（几天或几周）性能提升的韧性方案研究较少。定义供水管网灾后应急恢复能力为灾后短时间内的服务性能提升，由于时间较短，该服务性能提升尽管无法全部恢复到灾前水平，却能为灾后人民生活和公共健康提供必要的服务能力。供水管网灾后应急恢复能力有助于在短时间内提升供水管网性能，并降低灾后次生灾害发生的可能性，提升对灾后次生灾害（如火灾）的抵抗能力。应急恢复能力的关键是快速、准确地识别受灾范围和受灾程度，提供有效的应急策略并积极投入应急资源。例如，管段破裂准确关闭阀门能够有效隔离破裂管段，若未能及时关闭阀门，会导致大量水流失，降低其他节点服务性能并可能延迟恢复策略的执行效果。

灾后供水管网的应急恢复取决于应急策略、应急资源量和恢复速率这三个关键因素。其中，应急策略的制定应以应急资源投入量和所需修复时间为投入参数，以服务性能提升和灾害阻断效果为产出参数，测算应急策略效率，给出应急策略的优先度排序，为快速修复响应提供理论依据。应急资源量取决于预算（如资金、修复材料和其他消耗品价格）和资源（如人力资源、机械设备资源）的可获取程度。可以通过建立供水管网应急基金和应急资源储备计划提升应急修复效率，有效的修复过程会降低灾难的不利影响。恢复速率研究中的关键因子是时间，目前的模拟方法多采用时间步长的方式衡量时间。该时间步长为仿真过程中的迭代次数，用以记录修复过程和每次递进所修复的新的组件。因此，模型中的时间步长只是时间的替代品，并不是真实的日、时、分、秒时间。进一步的研究需结合供水管网灾后资源分配和资源属性，计算灾后应急修复的真实时间差，并分析真实时间以确定恢复速率。

2. 灾后修复

城市供水管网的灾后修复的基本点在于恢复管网性能至其灾前水平。更进一步的修复措施应结合灾害经验，对城市供水管网关键组件进行强化，提供冗余或多水源方案。具体可从以下 4 个方面提升供水管网韧性。

（1）空间分布优化：结合工程成本，以城市供水管网韧性和工程成本为目标函数，建立灾害环境下以供水管网拓扑结构损失和服务功能损失为约束条件的多目标优化模型，并借助智能优化算法求最优解。

（2）冗余设计：增加城市供水管网关键组件的冗余度，降低关键组件的连接密度，使城市供水管网的来水路径均匀、灵活分布；结合成本分析和灾害特点，将受灾后可能导致服务水平大幅度下降的供水管网区域从树状结构改善为环状结构或网格结构。

（3）后备支持系统：针对已识别出的关键组件，在城市供水管网中增设备用装置来增强组件抵抗失效的能力。例如，设计后备泵站，设计泵站的电力支撑系统，设计泵站的灾后工作策略以提供足够的压力，分区域设计阀门以隔离灾后供水管网的污染物传播，等等。

（4）灾后重建：为保障供水功能，灾后对损坏严重无法修复的城市供水管网部分进行重建，寻找最优重建位置、方案和布局以降低再次可能出现的灾害对供水管网的影响。

Bruneau 等[42]指出灾后韧性的评价应关注技术、组织、社会和经济这 4 个相关联的维度。韧性恢复能力的评价有必要结合这 4 个层面展开综合评价。其原因在于，城市供水管网在某一特定层面的韧性并不一定和另一层面的韧性正相关，甚至可能出现负相关或无关的现象。例如，Chang[43]研究城市供水管网快速恢复属性，结果显示美国 Memphis 市供水管网在 7 级地震下没有技术韧性，却有充足的组织韧性。因此，除了从技术维度分析供水管网韧性外，还应关注组织、社会和经济对供水管网韧性评价的影响。在组织方面建立在线监测预警系统能够开展实时监测，能够更快速准确地识别管网失效，减少失效对管网性能的影响。在社会和经济方面，还需要考虑人口、社会、经济在灾后水压力下的响应、调整和适应，以分析城市供水管网局部韧性。例如，干旱发生后，水资源供应无法满足当地人口的使用需求。供水方案调整为分时段供水而不是全天供水。这种情况下人们为了满足用水需要而采取存水等措施，会导致供水时段需求系数急剧升高，水压下降，引起一系列后续变化。

用户行为的变化对管网韧性的影响方面研究较少。极端事件发生后，除极端事件本身造成的城市供水管网损失外，用户行为会进一步影响供水管网性能。例如，灾害发生后的人群疏散、大量受灾人群饮用瓶装水会导致需求降低，紧急存水以应对未来的停水会导致需求增加等，这些不确定性的用户行为都会造成管网局部需求产生较大幅度变化，而这种用户行为的变化可能会进一步加重灾后供水管网服务的削减程度。因此，有必要结合用户行为分析灾后供水管网服务性能，调整修复计划，尽可能减少用户行为对供水管网服务性能的进一步削减，通过综合组织、社会、经济分析，采取适当的组织工作、有效的资源供应和修复策略提高供水管网的灾后修复能力。

1.4.3 韧性适应能力面临的挑战

1. 气候变化效应

在当前的气候趋势下，干旱、洪水和暴雨等极端气候事件发生的频率将会增加。极端事件位于事件概率分布的尾部。政府间气候变化专门委员会 IPCC（Intergovernmental Panel on Climate Change）将气候或天气极端事件定义为：

天气或气候变量的触发水平高于（或低于）观测变量的上（或下）端临界值。与气候变化相关的极端事件包括了海平面上升、地震、洪水、大风、暴雪和极端温度。这些小概率事件的发生可能造成严重的损失。

在城市供水管网的研究中，低损失但高触发概率的失效事件（如渗漏）得到了较多的研究，然而，高损失但低触发概率的研究由于发生概率较小而并未得到决策者足够的重视。由于气候变化导致极端事件出现的概率增加，因而不能忽视极端事件的存在，而应当在韧性评价中引入最大范围损失的失效评价并设计相应的修复策略。

此外，为应对气候变化，城市规模、城市人口、城市功能均在进行动态调整。气候变化下的城市发展会给城市供水管网韧性评价带来更多的不确定性。例如，中国的京津冀协同发展要求城市供水管网的韧性分析从原来的只针对北京这一所城市扩展到北京、天津、河北三地联合管控。这就有必要从国家、地区、城市的不同角度，结合区域特点采取分区域、分层次的供水管网韧性分析。

2. 社会、技术耦合分析

城市供水管网属于技术系统。技术系统的设计、施工和运行是建立在社会需求的基础上的。因此供水管网也可以称之为社会技术系统，其涵盖了技术、政策、市场、消费者、文化和科学知识。社会层面的政治和公众态度会从技术层面影响供水管网。关于供水管网韧性的评价和增强策略不仅应分析技术韧性，还应进一步从社会的角度，分析政治、组织、经济、社会、环境对城市供水管网韧性的影响。例如，模型可能展示了城市供水管网失效会造成服务性能的降低，但是没有分析人们的用水行为可能会随之发生何种改变。在此基础上，用水行为的变化和气候变化（如热浪）将会进一步影响城市供水管网失效分析。

社会和技术元素的变化不能被完全分离。未来研究应关注于不确定条件小消费者行为和政策的变化，分析消费者行为和政策及其他不确定性因素是否会进一步降低供水管网服务性能或延迟供水管网恢复。该研究结果有助于政策制定者在技术和社会综合视角下分析灾害导致的供水管网性能下降后选择正确的策略，以及时恢复供水管网性能或防止供水管网性能的进一步恶化。

3. 数据可用性

城市供水管网的长期数据收集和数据可用性至关重要。虚拟城市供水管网模型可以利用拓扑结构数据、地理信息、运行状态、泄漏统计数据和应急资源构建。通过融合消费者数据，可将虚拟基本模型改进为满足消费者需求的城市供水管网。消费者的需求和满意度数据为提高城市供水管网的韧性提供了额外的支持。数据也有助于校准虚拟模型和提高其准确性。例如，利用应急资源恢复供水服务的应急时间数据记录，可帮助研究人员校准韧性模型中的恢复率。一个校准的模型能够有效提高韧性改进策略的准确性。历史数据不仅提供了过去的运营和扩张策略，还揭示了城市供水管网中的环境、政治和经济情况的变化。虽然在短期内城市供水管网与静态系统相似，但从长期发展角度来看，数据能够帮助城市供水管网动态地适应社会需求的变化。因此，仅对当前状态的评价是不够的。历史分析可以为城市供水管网韧性打下坚实的基础，并对进一步提升供水管网韧性有推动作用。

4. 关联基础设施

城市供水管网是城市关键基础设施之一。除城市供水管网外，城市中还存在电力系统、通信系统、道路系统等其他关键基础设施系统。当灾害来临时，一个单一系统的失效可能会触发其他系统的级联失效。其中，级联失效是指由当前失效所导致的次级失效，是一种步进式的失效过程，有可能造成基础设施系统的大范围失效和大幅度功能丧失。

因此，供水管网的韧性评价不能仅考虑供水管网本身，还应当考虑基础设施之间的交互性。例如，灾害发生后，供水管网的渗漏可能导致道路系统的临时封闭，电力系统的中断可能导致供水管网水泵运行的暂停，从而导致管网部分节点压力低于最低水压。目前，已有大量研究用于评价和分析交互基础设施的相关性。然而，在这些研究中，多是将供水管网抽象为节点和边的形式，利用图论技术和其他基础设施网络进行分析。已有研究显示，仅从拓扑结构分析和包含基础设施实体属性所得到的分析结果是存在差异的。因此，在供水管网关联基础设施的研究中，应增加关于管网流属性的分析以得到更为准确的结果。此外，供水管网及其相关基础设施的级联失效研究，级联失效的韧性提升方案及相关时间分析应得到进一步的关注。

24

本 章 小 结

　　本章量化了城市供水管网韧性评估方法的综述。利用系统性的综述准则来过滤参考文献，并将 CiteSpace 软件用于展示包含标题、摘要、作者关键字和关键字等信息的聚类标签。根据聚类标签和对城市供水管网韧性建模的综述，将韧性定量方法划分为 4 组。首先描述了城市供水管网韧性中的 3 种基本能力，即吸收能力、恢复能力和适应能力。进而论述了代理方法、模拟方法、网络方法和失效检测与隔离（FDI）方法的评价指标和研究进展，并总结了每种方法的局限性。随着系统复杂性和性能标准的提高，城市供水管网性能的不确定性在不断演变，对定量评价城市供水管网韧性提出了新的挑战，而且未来的工作需要面对这些挑战。并分别从吸收、恢复和适应能力方面讨论了新的挑战、韧性能力和效果。认为评估城市供水管网韧性备受关注，但对失效的快速响应、长期优化和多场景、多阶段耦合分析有待进一步研究。

第 **2** 章

城市供水管网阀门布置
与性能提升研究

2.1 引言

　　城市供水管网韧性包含了吸收能力、恢复能力和适应能力。其中，韧性的吸收能力强调城市供水管网能够容忍可接受幅度内的局部失效并保持系统服务功能的能力。对吸收能力的评价涉及正常服务值和功能临界值。城市供水管网可靠性评价了城市供水管网在失效工况下维持服务功能的概率，与韧性的吸收能力评价重点基本类似。本章利用城市供水管网可靠性指标，分析级联失效工况下城市供水管网服务性能演变，并利用阀门布置提升城市供水管网吸收失效、抵抗级联传播的能力。

　　城市供水管网因其地理空间分布的相关性而对自然灾害或人为灾害造成的攻击特别敏感。失效造成的城市供水管网关键组件破坏，可能导致人员伤亡和财产损失，甚至严重影响经济和社会发展以及人类正常的生活秩序。级联失效已成为网络安全研究的热点。级联失效是一种传导性失效，指网络某处的微小异常会改变网络流，传播蔓延至整个网络系统，触发大范围的连锁反应和次级失效。这种失效工况会对城市供水管网多个组件造成影响，极大削弱管网服务性能并导致不可预期的严重后果。

城市供水管网受到的攻击模式可以划分为随机攻击和蓄意攻击。其中，随机攻击是指随机破坏网络中的某个节点（边）。蓄意攻击指按照一定的选择策略攻击网络中的某个节点（边）。在考虑级联效应的网络攻击研究中，无标度网络在随机干扰下表现出极强的鲁棒性，而在蓄意攻击下又极其脆弱。由于城市基础设施网络的形态与地理空间分布是相关的，自然灾害并不完全属于随机攻击。例如，人口密集度、通信、交通和金融中心可能围绕着地震多发地带分布，如环太平洋地区。尽管随机攻击和蓄意攻击都会造成网络性能的损失，基础设施网络一般能够抵抗随机失效。然而，若攻击某些具有较大负载的网络组件却很有可能触发网络的级联失效，造成大范围的网络性能损失和次级失效。

因此，有必要研究在蓄意攻击下的城市供水管网级联失效工况。级联失效工况属于耦合失效情境。已有研究较多地讨论了城市供水管网单一失效情景，对耦合失效情境的关注比较少。耦合失效情境意味着在一个时间单位内，有多根管段同时失效。Gheisi[44]指出城市供水管网出现耦合失效情境的概率高达78.5%。Berardi 等[45]指出耦合机械失效会导致城市供水管网拓扑结构改变和供水能力的显著降低。Gheisi 等[46]强调由于耦合失效情境需要进行大量的仿真模拟计算，计算量大，对耦合失效造成城市供水管网性能变化的关注过少。Lucelli 等[47]分析了地震导致的城市供水管网中多个管道故障的影响，强调耦合失效工况是城市供水管网重要的失效情境。城市供水管网中的级联失效会涉及多条管段故障，这种情况可能造成更多管段受影响并出现次级失效现象。城市供水管网在单一失效状态下是可靠的，但在考虑耦合失效时可能出现性能的大幅度下降，有必要检查级联失效这种耦合失效工况对城市供水管网性能造成的影响。

已有研究主要是从网络的拓扑结构考虑来进行供水管网性能分析的。然而，基于拓扑结构的分析方法没有考虑到网络节点的不均匀性，即该方法没有区分源节点、传输节点和汇聚节点。拓扑模型不能提供关于现实基础设施系统流量性能方面的足够的信息。在失效工况下进行城市供水管网拓扑分析的基础上，有必要融入基于流分析的水力计算。

城市供水管网在面临失效时的服务性能取决于两个关键因素，即拓扑结构和水的供需平衡。前文已经描述了城市供水管网拓扑结构，而对水的供需平衡，则需要利用城市供水管网服务的传递来进行分析。城市供水管网的服务性能研究方法属于基于流的方法。本章在考虑耦合失效工况下，在基于供水管网拓扑结构的分析基础上，引入了基于流分析的方法。在供水管网拓扑模型基础上，增加水压、流量、需水量、阀门配置率等不确定性因素。

除上述情况之外，级联失效模型中的承载力被定义为给定节点所能承受的最大负载。因此，承载力 C_i 与其初始负载 L_i 成正比，即 $C_i = \lambda_i \times L_i$，其中 $\lambda_i > 1$，为容忍度参数。该模型已被用于复杂网络和电网评估。

在城市供水管网中，节点负载可以表示为节点水压。节点水压既不应太高也不应过低。高水压会导致管道破裂，而低水压会导致流量减少。因此，承载力受到两方面限制，既要避免负载过高导致的管段泄漏或老化管段破裂，又要有效保持最低供水需要。此外，节点承载力会随着城市供水管网的长时间运行而发生变化。例如，在长期使用后，节点承载力会随着管网组件的老化而降低，并需要使用额外的压力辅助装置来提升压力不足问题。本章在评价城市供水管网韧性吸收能力时，将最大承载力和最小承载力都作为动态约束条件，模拟了面向级联失效的城市供水管网韧性吸收能力的动态演化过程。

本章从韧性吸收能力和失效传播时间两个角度来评估城市供水管网。韧性吸收能力定义为在给定时间城市供水管网以适当的压力满足用户用水需求的概率。失效传播时间描述了级联失效通过城市供水管网传播和扩散的时间。考虑耦合失效工况，失效采用基于管段的蓄意攻击模式进行仿真模拟。综合考虑了网络拓扑结构、水的供需平衡、需求系数、管段失效隔离等多种因素。利用一个城市供水管网作为数值算例来验证。研究了在最高和最低水压约束条件下的韧性吸收能力和失效传播时间的动态演化过程。讨论了韧性吸收能力演变和管网阀门配置率的关系。此外，还考虑了管网增强策略，对识别的关键管段配置阀门以提高城市供水管网韧性吸收能力。

2.2 基于管段的级联失效模型

2.2.1 评价指标

通过韧性吸收能力和失效传播时间对城市供水管网进行评价，具体描述如下。

1. 韧性吸收能力

城市供水管网韧性吸收能力包含了两种：机械吸收能力和水力吸收能力。机械吸收能力是指供水管网或管网的子组成部分能够正常运转的概率，主要分析的是网络的拓扑结构。机械吸收能力只关注了事故状态下系统的连通性，而忽略了系统有效供水的能力。水力吸收能力是指供水管网满足流量和水压要求的能力。主要考虑了由于需求变化、管网老化、水源供给不足导致管网不能满足预定供水功能的失效。

所选取的韧性吸收能力指标结合了机械吸收能力和水力吸收能力。采用 Zhuang 等[21]对韧性吸收能力定义的公式，韧性吸收能力定义为用户实际可利用流量和需求流量的比值。

$$R_{sys} = \frac{\sum_{k=1}^{m} Q_{k,t,act}}{\sum_{k=1}^{m} Q_{k,req}} \qquad (2-1)$$

式中：R_{sys}——城市供水管网韧性吸收能力；

m——城市供水管网节点数；

$Q_{k,t,act}$——时间 t 时传递给第 k 个节点的实际流量；

$Q_{k,req}$——第 k 个节点的实际需求。

2. 失效传播时间

不同初始失效状态的级联失效传播时间通常不同。引入时间步长 t 来描述级联失效过程中的负载的再分配过程。首先，$t = 0$ 表示初始状态，城市供水管网属于正常运行状态，没有失效发生。$t = 1$ 描述了某个组件失效所导致的网络拓扑结构和负载变化。$t=2$描述了管网次级失效。由于城市供水管网负载的重新分配，管网可能会出现新的失效节点和管段。若重分配的负载超过了节点容量，则该节点将被识别为一个新的失效节点。与失效节点相连的流出管段将被识别为新的失效管段。最后，$t=3$，4，5，…描述了级联传播和扩散过程。在每个时间步长中，均有新的失效节点和管段产生。

当没有生成新的故障组件时，级联传播过程将停止。失效传播时间设定为级联失效停止时的时间步长，它描述了级联失效在城市供水管网传播的时间。

2.2.2　承载力

城市供水管网级联失效效应可以通过负载和承载力进行观察。承载力表现为管网组件在压力工况下所能承受的最大网络流，负载表现为通过管网组件的网络流。已有研究中，研究者利用拓扑属性指数，如介数或度数来衡量网络负载。然而，城市供水管网需要均衡水的供给和需求，要求其节点水压不能过高也不能过低。在这种条件下，设置节点服务水压P_{ser}为初始负载。P_{ser}确保了正常运行状态下管网供给和需求的均衡。P_{ser}不同于已有研究中基于拓扑属性的负载，而是综合考虑了拓扑和水力特性。

对管段的攻击会导致城市供水管网中的失效扰动。这种失效扰动是一个微小的异常变化，可能会触发网络流的再分配。如果重新分配的负载超过了其节点承载力，下游管网就可能会出现新的失效情况。因此级联失效是一系列失效行为，而节点承载力决定了失效是否被触发。

因此，节点承载力是城市供水管网失效模拟中的一个重要因素。随着城市的扩张，城市供水管网也会随之扩大规模。人口和工业的增加导致了水需求的动态变化。这些新的需求导致每天出现用水使用高峰和低谷。而需求的变化又会进一步造成节点压力逐渐偏离其原来的设计值，并且处于不断变化的状态。对长期存在的城市供水管网，有必要考虑节点压力的变化。因此，设定节点压力的最高承载力为

$$P_{k,\max}=(1+\alpha)P_{k,ser} \tag{2-2}$$

式中：$P_{k,ser}$——第k个节点的服务水压；

$P_{k,\max}$——成本和老化水系统组件的最高承载力；

α——一个大于 0 的容忍度参数，表示给定城市供水管网中的一个节点所能承受的额外压力。α 越大，承载力范围就越大，说明给定节点的安全区间越大。

失效发生后，有 3 种潜在的节点水压变化模式：（1）节点从破损节点处接收到额外的压力；（2）节点水压保持不变；（3）节点水压低于初始负荷。过低的节点水压通常会导致供水中断。考虑到这 3 种潜在模式，设定节点水压的最低承载力为

$$P_{k,\min} = (1 - \beta)P_{k,\text{ser}} \qquad (2-3)$$

式中：$P_{k,\min}$——节点可承受供水短缺的最低承载力；

$0 \leqslant \beta \leqslant 1$——容忍度参数。$\beta$ 的取值越大，承载力约束的范围越宽松，意味着节点失效的可能性越低。

因此，当 α 和 β 的变化方向一致时，节点失效的可能性变化是相同的。

2.2.3 需水因子

再分配的负载通过水力模拟计算得到。此处采用压力驱动分析。利用 Matlab 调用 Epanet Toolkit。为分析城市供水管网重分配的负载，引入一些必要考虑的因素。

需水量是供水管网中的动态因素。一天中每小时的需水量受消费者日常活动的影响。节点的实际需水量可表示为

$$Q_{k,\text{req}} = \text{DM}_k Q_{k,\text{base}} \qquad (2-4)$$

式中：$Q_{k,\text{req}}$——节点 k 在时刻 t 的需求流量；

DM_k——节点 k 的需水因子；

$Q_{k,\text{base}}$——节点 k 的基本流量。

实际可利用流量描述了用户可以使用的实际用水量。为计算实际可利用流量，结合节点容忍度区间，使用 Wagner 模型计算组件失效情况下城市供水管网的节点需求[48,49]：

31

$$Q_{k,t,\text{act}} = \begin{cases} 0 & P_{k,t} \leqslant P_{k,\min} \\ Q_{k,\text{req}} \sqrt{\dfrac{P_{k,t} - P_{k,\min}}{P_{k,\text{ser}} - P_{k,\min}}} & P_{k,\min} < P_{k,t} < P_{k,\text{ser}} \\ Q_{k,\text{req}} & P_{k,\text{ser}} \leqslant P_{k,t} \end{cases} \qquad (2-5)$$

式中：$P_{k,t}$——节点 k 在时刻 t 的节点水压。

2.2.4　管段失效隔离策略

城市供水管网往往包含阀门，利用阀门可以隔离失效管段来限制管段破损的不利影响。因此，阀门是评估级联失效条件下城市供水管网韧性吸收能力的关键因素。本章采用 Zhuang 等[21]提出的管段失效隔离方案。

该方案包含 3 个步骤。管段失效后，首先识别出失效管段附近的阀门。采用深度优先搜索（DFS）策略定位最近的阀门，得到带有节点和管段的直接隔离区段。存在由于节点通过关闭阀门造成与所有水源节点断路的意外隔离区段。利用拓扑检测来确定冗余阀门。将冗余阀门布置在直接隔离区段和意外隔离区段之间。除冗余阀门外，最终失效隔离区段被阀门包围。

Epanet 水力分析软件无法分析节点没有和水源点连接却仍有需水量要求的情况。因此，在进行拓扑检测后，需要进一步更新节点需求。对于隔离区段内的节点，设置其节点需水量为零。对隔离区段边缘的节点，设置其节点需求按隔离管段与总管段数量的比值而降低。

2.2.5　基于管段的级联失效

本章采用了蓄意攻击模式。如前所述，失效的触发条件通常分为随机攻击和蓄意攻击。随机攻击针对随机选择的管网组件，而蓄意攻击使用策略攻击管网组件。若网络信息处于未知状态，则只能随机攻击组件。在实际系统中，每个组件的相对重要性可能彼此不同。当网络信息可以完全获得或仅部分获得时，对关键组件的打击会导致城市供水管网更易被破坏。

一般来说，真实系统能够承受随机失效。然而，蓄意攻击可能会触发级联失效，导致大规模失效后果和二次失效现象。更严重的是，基于负载的蓄意攻击更有可能触发整体级联失效。尽管城市供水管网节点都具有一定的容忍度，对高容忍度节点的损坏仍可能导致相关组件的失效现象。

蓄意攻击既可以对节点攻击，也可以对管段攻击。本章主要关注基于管段的蓄意攻击。管道破损失效后，第一步是搜索最近的阀门并确定隔离区段。城市供水管网的拓扑结构随阀门的关闭而改变，节点需求也要通过水力分析进行调整。

然而，城市供水管网对流量需求、管段粗糙系数和水库水位的时空波动存在不确定性。这些不确定性因素会影响并导致水力失效。当供水需求最小时，不确定性仅会导致水力失效受爆管影响略有增加。不同的是，供水需求的增加会导致节点受到不确定性因素的强烈影响。这些不确定性因素增加了水力对中等或最大需求供水要求的不可用性。因此，管段机械失效发生后，网络流重新分配，节点水压普遍下降，而有些节点水压反而可能上升，例如，由于需水量的减少进而造成水头损失的降低。当节点水压低于最低承载力时，节点会由于机械不可用性或与节点需求分布和管道粗糙系数相关的不确定性而发生失效。这两种情况都可能引发级联失效。值得注意的是，基于节点的攻击是从某个节点开始。它的模拟效果类似于基于管段的攻击。本章主要关注基于管段的攻击。

2.2.6 基本假设和算法

1. 基本假设

1）节点

每个需求节点有 3 种状态：正常运行、失效、服务削减状态。节点的正常运行状态表示节点水压既不高于最高承载力也不低于最低承载力。与失效节点连接的下游管段会被阀门隔离。服务削减状态意味着节点水压高于节点最低水压，但低于节点服务水压。节点需水量可获取但其供应水平有所降低。

2）管段

每根管段有两种状态：正常运行、失效。管段的正常运行状态指水能够顺利流动。失效管段由阀门进行隔离。

3）阀门

供水管网中的 N 阀规则表示一根管段可以被其相反节点处的两个阀门隔

离。然而，真正的城市供水管网很难达到这个条件。城市供水管网中的最大阀门数为 $2n$（n 为管段总数）。将阀门布置率（VR）定义为实际阀门布置数与最大阀门布置数的比率。假设阀门是根据阀门布置率随机布置的。

4）节点需求

节点需求根据与该节点相连的管段平均分配。失效发生后，根据对失效隔离区段的检测来更新节点需求。

5）多失效耦合情境

特定管段失效可能会导致多失效耦合。根据拓扑分析和水力分析，假设一个时间点内可能发生多根管段共同失效的情况。

6）终止条件

设置级联失效的两个终止条件为：（1）无其他管段失效；（2）所有阀门均处于关闭状态。

2. 算法

以下算法总结了城市供水管网级联失效模拟流程。

1:	读取城市供水管网基本信息。
2:	计算初始负载和承载力。
3:	设置 $t = 0$
4:	设置模拟参数 DM, α, β, VR
5:	**Case** DM
6:	**for** $\alpha = 0 \rightarrow$ 最大值 **do**
7:	**for** $\beta = 0 \rightarrow$ 最大值 **do**
8:	**for** $i = 1 \rightarrow n$（基于管段的蓄意攻击）**do**
9:	设置 $t = 1$
10:	**while** 新失效存在 **do**
11:	设置 $t = t + 1$
12:	执行隔离区段分析，更新管网拓扑结构和节点需水量。
13:	执行水力分析，更新水力重分布后的节点负载。

14:　　　　　执行拓扑分析，更新重分布后的拓扑结构。

15:　　　**end while**

16:　　　计算韧性吸收能力和失效传播时间。

17:　　**end for**

18:　　**end for**

19:　**end for**

20:　**end Case**

　　计算城市供水管网性能。

　　首先，加载城市供水管网基本信息。具体包括：拓扑结构基本信息，即城市供水管网关联矩阵；水力基本信息，即节点标高、基本需水量、管径、管长和粗糙系数。

　　其次，运行水力计算模拟软件以获得正常运行条件下的节点水压。在这个状态下城市供水管网压力和流量条件均在正常范围。使用节点服务压力作为初始负载。利用式（3-2）和式（3-3）分别计算节点水压承载力。此步骤中，$t=0$ 表示所得到的正常运行状态。

　　再次，在级联失效开始模拟之前，设置 4 个参数。具体来说，设置了需水因子 DM 来分析水的供需关系。设置容忍度参数 a 和 β 分别用于计算节点最高承载力和最低承载力。此处 a 和 β 评价了负载可以变化的安全范围。这 3 个参数根据给定城市供水管网实际条件进行设置。最后一个参数是阀门布置率 VR。VR 说明了在城市供水管网中共设置了多少个阀门。阀门的位置是随机布置的。

　　然后，模拟基于管道的蓄意攻击情境。城市供水管网中的每条管段分别被模拟为蓄意攻击目标。因此，$t=1$ 表示城市供水管网中第 i 根管道发生失效的时间步长。每根管段在发生失效后，故障管道随即被阀门所隔离。

　　接下来执行隔离区段分析、水力分析和拓扑分析。隔离区段分析的搜索结合了直接隔离区段和意外隔离区段。隔离区段导致城市供水管网拓扑结构改变，并需要根据隔离区段位置更新节点需水量。

　　水力分析模拟了城市供水管网的状态，并计算得到了节点水压和流量。如果节点水压低于最低承载力，则该节点由于无法满足供水需求而被识别为二次失效。如果节点水压高于最高承载力，则该节点由于城市供水管网中的不确定性因素，可能触发水力失效。对正常运行节点，按照式（3–5）根据更新的节点水压计算节点实际可利用流量。对节点水压低于最低承载力的节点，设置其实际可利用流量为零。

拓扑分析分两步更新了城市供水管网拓扑结构。首先，根据更新的管网流关系更新关联矩阵。其次，将与失效节点相关联的流出管段视为新的失效管段。

重复执行以上 3 种分析，直到城市供水管网达到一个新的稳定状态，也就是没有触发新的管段或节点失效的状态。利用式（3–1）计算韧性吸收能力，并通过迭代得到级联失效传播时间。

在将管网所有管段都模拟为蓄意攻击目标后，可以计算出整个城市供水管网韧性吸收能力。对最终的管网韧性吸收能力评估使用每根管段蓄意攻击后所得韧性吸收能力之和的平均值，以避免每跟管段或节点级联模拟中的波动。更具体地说，对基于管段的攻击，管网总体韧性吸收能力是给定的 n 根管道的平均值；同样，管网失效传播时间也是给定 n 跟管段失效传播时间的平均值。

2.3 算例分析

2.3.1 案例概况

为阐释所提出的基于管段的级联失效模型，并评估模型中所涉及的不同参数的作用，利用 Islam 等[50]建立的城市供水管网模型为例进行应用和分析。网络的拓扑结构、节点高程、基本需水量、管径、管长和 Hazen-Williams 粗糙系数如图 2.1 城市供水管网布局图所示。该城市供水管网由 2 个水库、25 个节点和 40 条管段组成。节点 26 和节点 27 是高架水库，总水头分别为 90 m 和 85 m。管段总长度为 19.5 km，管段长度从 100 m 到 680 m 不等。管径区间为 200～700 mm，基本需水量区间为 33.33～133.33 L/s。利用 Hazen-Williams 公式计算水头损失。

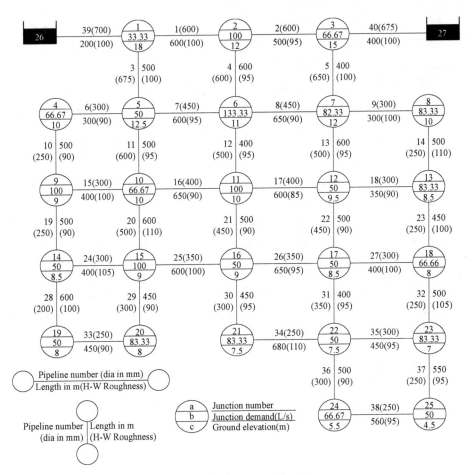

图 2.1 城市供水管网布局图

城市供水管网初始状态是平衡状态，也就是供水能够满足需求，未发生失效工况。节点水压利用 Epanet 计算。计算结果如表 2.1 所示。

表 2.1 正常运行状态下城市供水管网节点水压

	1	2	3	4	5	6	7	8	9	10	11
节点水压/ m	86.91	84.3	84.35	78.66	82.92	82.14	82.16	77.09	76.14	79.3	78.88

	12	13	14	15	16	17	18	19	20	21	22
节点水压/m	77.89	74.54	74.91	76.2	75.88	74.24	71.53	69.65	70.27	69.91	66.85

	23	24	25	26	27	28	29	30	31
节点水压/m	64.7	64.36							

模拟共设置了 4 个参数，即需水因子 DM、容忍度参数 α 和 β、阀门布置率 VR。需水量在一天中根据用户使用情况而发生动态变化。选择了 4 种可能发生的用水情况，设置 DM 的取值分别为 0.5，1.0，1.5，2.0。

利用容忍度参数 α 和 β 计算节点最高水压和最低水压。容忍度参数的值取决于城市供水管网运行状态。为了考虑所有可能的 α 和 β 取值条件，设置 α 和 β 在 0~0.5 范围变化内，并以 0.05 为步长递增。

2.3.2 基于固定阀门布置率的韧性吸收能力演化

以固定阀门布置率 VR 为 100%来以研究级联失效工况下韧性吸收能力和持续时间的演变。

表 2.2 显示了不同需水因子（DM）条件下韧性吸收能力的最大值。韧性吸收能力的削减值为上一阶段需水因子和当前需水因子之间的差值（MVSR）。从表中可知，MVSR 随着需水因子的增大而降低。此外，当 DM<1 时 MVSR 变化轻微，例如，DM=0.5 和 DM=1.0 之间的削减值仅下降了 0.26%。相比之下，当 DM>1 时，MVSR 显著下降，例如，DM=2.0 和 DM=1.5 之间削减值是 DM=1.5 和 DM=1.0 之间削减值的 3 倍。以上结果表明供水短缺加剧了级联失效的影响程度。

表2.2 不同需水因子（DM）条件下韧性吸收能力的最大值（MVSR）

DM	MVSR	DM	MVSR	Reduction	DM	MVSR	Reduction	DM	MVSR	Reduction
0.5	0.975	1.0	0.972 5	0.26%	1.5	0.798 9	17.85%	2.0	0.339 1	57.55%

图2.2和图2.3展示了基于管段攻击不同需水因子条件下韧性吸收能力和失效传播时间的演化过程。右侧为韧性吸收能力，横轴和竖轴分别为容忍参数 α 和 β。图中颜色从深蓝色逐渐变为红色，表明韧性吸收能力由弱变强。

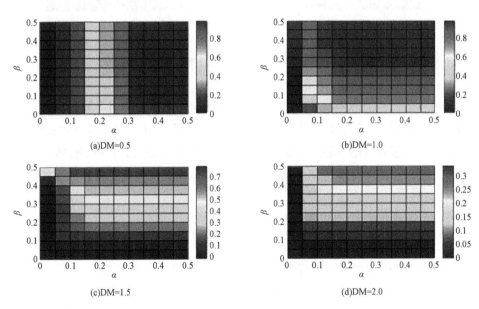

图2.2 不同需水因子条件下韧性吸收能力的演化过程

可以观察到，随着 α 和 β 的增大，城市供水管网具有了更强的吸收和承受局部失效的潜在能力。对韧性吸收能力和失效传播时间的评估，显示出相同的变化模式。

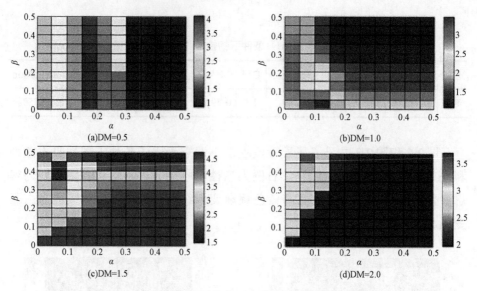

图 2.3　不同需水因子条件下失效传播时间的演化过程

可以看出，节点最高承载力（α）和节点最低承载力（β）对韧性吸收能力和失效传播时间的影响是不同的。具体来说，当 DM<1.0 时，韧性吸收能力和失效传播时间沿 α 的方向变化。相反，当 DM≥1.0 时，β 对韧性吸收能力和失效传播时间的影响更强，甚至超过了 α 的影响，成为决定韧性吸收能力和失效传播时间演化的主要因素。

2.3.3　基于固定需水因子的韧性吸收能力演化

阀门是评估在级联失效情境下韧性吸收能力的一个关键因素。然而，现有城市供水管网案例并未提供阀门数据。因此，本节中讨论阀门布置率（VR）。在前一节中，讨论了需水因子对固定阀门布置率的影响。本节将需水因子固定为 1.0，进而分析阀门布置率对韧性吸收能力的影响。

在仿真过程中，设置阀门布置率的变化区间为 10%~100%，变化间隔为 10%。城市供水管网在 VR 为 10% 时只有几个阀门，而在 VR 为 100% 时，每个管段在其起始节点和终止节点上分别布置 2 个阀门。阀门采用不同的 VR 进行随机定位。假设每个节点的最低水压为 35 m。在阀门布置率从 10% 变化到

100%区间内，同步设置α以0.05的间隔步长从0变化到0.5。考虑到阀门布置的随机性，对每个VR情境模拟30次。因此，VR情境的总模拟次数为330次。最后基于总模拟次数计算出韧性吸收能力平均值。

由图2.2韧性吸收能力的演化过程可知，韧性吸收能力能够达到稳定值，即韧性吸收能力不再随最高、最低承载力的变化而变化。取阀门布置率和城市供水管网级联作用下韧性吸收能力稳定值和失效传播时间稳定值进行分析，可绘制如图2.4所示的曲线。

阀门布置率和韧性吸收能力呈现一条被拉平的S形曲线关系，韧性吸收能力随阀门布置率的增大而上升。布置少量阀门后，城市供水管网能够有效产生一定的抵抗作用，韧性吸收能力有快速提高；然而，少量布置阀门对系统抵抗级联作用不明显。当VR超过20%时，韧性吸收能力进入快速提升阶段。而当VR超过80%时，韧性吸收能力的提升速率变缓慢，进入平稳阶段。

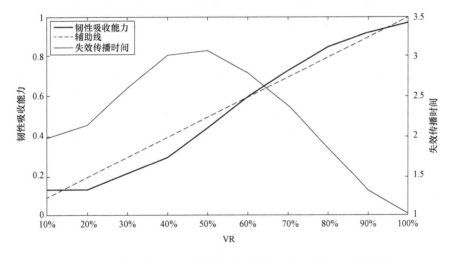

图2.4　韧性吸收能力、失效传播时间与阀门布置率VR的关系

S形曲线的关系可划分为以下3个阶段。

第一个阶段是韧性吸收能力起步阶段。阀门布置率VR较低，管段失效发生后，难以起到有效的隔离作用，次级失效在管网中快速传播。当VR=10%和VR=20%时，韧性吸收能力基本保持不变，可见当VR<20%时，阀门布置率对

级联作用下韧性吸收能力无显著影响。

第二个阶段是韧性吸收能力加速提升阶段。当 VR≥20%后，随阀门布置率逐步增大，城市供水管网可以通过阀门起到有效的失效隔离作用，阻止级联失效在城市供水管网中的蔓延和传播。绘制"韧性吸收能力=阀门布置率"的同步增长辅助线。可见，当 VR<60%时，韧性吸收能力低于同步增长辅助线；当 VR=60%时，韧性吸收能力和同步增长辅助线基本持平；而当 VR>60%时，韧性吸收能力超过同步增长辅助线。韧性吸收能力增长速率随着 VR 的增大而加快。

第三个阶段是韧性吸收能力成熟阶段。当 VR≥80%后，随阀门布置率的增加，韧性吸收能力递增出现放缓现象。100%阀门布置率能够最有效抵抗级联失效，但是，当阀门布置率超过一定百分比后，其增加值并不会带来城市供水管网抵抗级联作用的持续稳定增长。可见，当阀门布置率超过80%后，韧性吸收能力提升性能放缓。事实上，在管段两段均设置阀门需要投入大量的成本，这是不符合实际的。因此通过模拟，对于案例中的管网，VR 最高达到80%即可有效抵抗级联失效。

从失效传播时间角度分析，当 VR 较低时，由于没有有效的隔离和保护措施，城市供水管网迅速失效；布置阀门后，阀门的隔离作用使级联失效传播时间变长。系统出现步进式的级联传播过程。该传播时间在 VR=50%时达到峰值。当 VR>50%时，一定数量的阀门分布能够有效阻挡级联失效的蔓延，级联失效传播时间呈稳定下降趋势。

2.3.4　关键管段识别

结合 2.3.3 节中阀门布置率的分析可知，阀门布置率存在拐点，即 VR=20% 和 VR=80% 时，会给城市供水管网带来韧性吸收能力的显著变化。因此，分别取 VR=20% 和 VR=80%，分析城市供水管网的关键管段。本节的目的是寻找布置阀门后仍会造成韧性吸收能力大幅度削减的关键管段。令 α 从 0 以 0.05 间隔递增至 0.5，共 11 种工况。分别以城市供水管网中的每根管段为初始失效，针对每种工况模拟 30 次。计算每根管段失效后韧性吸收能力在 330 次模拟中的平均值。在 VR=20% 和 VR=80% 时管段失效后韧性吸收能力均为谷点的管段为城市供水管网关键管段。

图 2.5 显示了城市供水管网在 VR = 20%和 VR = 80%时每根特定管段失效后的韧性吸收能力。VR=20%时，韧性吸收能力整体取值较低，波动幅度较大。管段 5 和管段 33 的韧性吸收能力取值较高，存在多个韧性吸收能力取值较低的管段，如管段 1，3，4，8，16，22，31。VR=80%时，韧性吸收能力均值较高。存在多个韧性吸收能力取值较高的管段，如管段 6，10，19，24，28，39。韧性吸收能力取值最低的管段为管段 22，其次为管段 8。

关键管段为 VR = 20%和 VR = 80%时韧性吸收能力均低于其他的管段。例如，管段 3 的韧性吸收能力在 VR=20%时最小，为 3.25%，而当 VR=80%时，其韧性吸收能力按由小到大排序排第 9，为 84.12%。因此管段 3 不能作为城市供水管网的关键管段。对比可见，管段 8 和管段 22 在两种 VR 条件下均会造成城市供水管网韧性吸收能力性能的大幅削减。因此，案例城市供水管网的关键管段为管段 8 和管段 22。

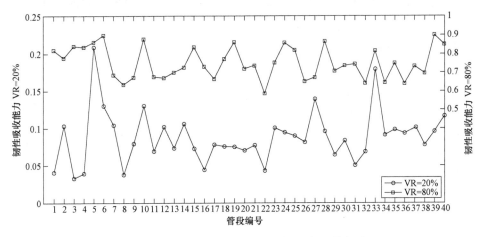

图 2.5 当 VR=20%和 VR=80%时的韧性吸收能力

2.3.5 基于阀门布置的韧性吸收能力增强措施

关键管段的失效，会对城市供水管网性能造成严重影响。根据 2.3.4 节中识别出的关键管段，加强对关键管段的保护。为进一步分析关键管段的识别和阀门调整方案是否有效，本节测定了城市供水管网韧性吸收能力的改进水平。

随机布置方案：城市供水管网的阀门按 VR 随机布置。

阀门调整方案：以管段 8 和管段 22 两端的 4 个阀门为固定阀门，即其位置保持不变。其余阀门位置按 VR 随机布置在 WDN 中。

令城市供水管网中管段随机失效，管段失效后判断是否触发级联失效条件。如是，则继续模拟至级联失效停止。计算级联失效停止后城市供水管网的韧性吸收能力。通过对比两种方案的韧性吸收能力，检测阀门调整方案的改进程度。其中，每种 VR 工况模拟 550 次，取平均值作为该 VR 工况下的韧性吸收能力。

模拟结果如图 2.6 所示。整体上，两种方案的韧性吸收能力均随阀门布置率的增大而增大。可见，VR=10%到 VR=80%韧性吸收能力均有显著改善。其中，最大改善幅度达到 3.52%（VR=80%）。VR = 90%时两种方案的韧性吸收能力取值基本一致。这主要是由于此时城市供水管网中阀门布置已接近饱和，能够起到有效隔离和阻断级联失效的作用。

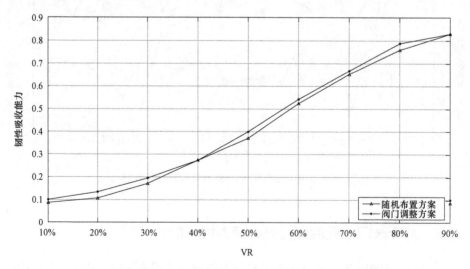

图 2.6　阀门调整方案和随机布置方案的韧性吸收能力模拟结果

案例城市供水管网共 40 根管段，按照 N 阀门原则最多可布置 80 个阀门。根据本章方法，固定 4 个阀门位置，即固定 5%的阀门位置即可取得城市供水管网韧性吸收能力的有效提升。

本 章 小 结

本章提出了一种基于仿真的级联失效韧性吸收能力评估方法。模拟了基于管段的蓄意攻击情境。所提出的模拟算法考虑了攻击模式、管网用水供需平衡、阀门位置和压力约束如何影响并导致失效传播的过程。使用从真实系统中获得的特定城市供水管网进行验证。利用需水因子 DM、最高容忍度 α、最低容忍度 β、阀门布置率 VR 分析了这 4 个不确定因素对韧性吸收能力的影响。

第 3 章

城市供水管网韧性指数与拓扑属性关联度研究

3.1 引言

城市供水管网是城市的关键基础设施系统之一。城市供水管网为用户提供充足的水压和流量，以满足用户的用水需求，确保社会福祉、经济增长和公共卫生。然而气候变化、城市快速发展导致的人口高度集中、供水管网组件老化等内源性问题以及相互依赖的基础设施引起的级联失效等，对城市供水管网的性能要求越来越高，城市供水管网的韧性亟待提高以应对各种不确定性风险。

1. 气候变化形势严峻

气候变化是当今人类社会面临的重大挑战，近年其形势越发严峻，全球气候风险持续上升。据气候中心统计，1980—2022 年间，全球自然灾害事件发生次数从 1980 年的 249 次增加到 2022 年的 880 多次。据德国慕尼黑再保险公司在其管网发布的《2022 年自然灾害总结报告》称，2022 年 880 多次自然灾害共造成 2 万多人死亡，全球总体损失约 2 700 亿美元。气候变化正使极端天气情况增多。据中国应急管理部称，2022 年各种自然灾害共造成 1.12 亿人次受灾，因灾死亡失踪 554 人，直接经济损失 2 386.5 亿元。由于城市人口密度大、基础设施密集、经济集聚度较高，我国是遭受气候变化不利影响较为严重的国家之一。

气候变化会导致地表平均温度升高、降水规律改变，增加热浪、洪涝、干旱、地震、台风等极端事件发生的频率和强度，造成沉重的经济损失和安全威胁，因此气候变化受到广泛关注。气候变化对于城市供水管网的影响主要表现在以下 3 个方面：① 水文灾害。洪涝会引发病菌、工业废水废渣、化肥等有毒有害物质的扩散，造成水源污染，使供水设施遭到不同程度的破坏。② 天气灾害和气候灾害。高温热浪在一定程度上加剧干旱的产生，用水需求增加，加大供水压力，故障频发；台风过境时常伴随暴雨天气，可能会破坏供水设施。③ 地质灾害。地震是常见的地质灾害，地震产生的强烈震动会破坏供水管网、交通管网等设施的结构功能，这些基础设施系统功能受损又会给救灾造成一定的障碍，从而加剧灾害后果。作为重要的基础设施系统，城市供水管网的韧性亟待研究，以提升其面对极端事件时的性能，减少灾害对社会造成的损害。

2. 水资源日益短缺

当前我国水资源日益短缺，且存在水污染现象，而人们对水质的要求日益提高，对水量的需求日益增多，供水事业发展面临严峻的考验。

据国家水利部统计，2022 年我国水资源总量为 26 634 亿 m^3，全国用水总量 5 997 亿 m^3，较 2021 年增长 1.3%，其中，生活用水下降 0.5%，工业用水下降 7.7%，农业用水增长 3.7%，人工生态环境补水增长 8.3%。人均综合用水量为 425 m^3，增长 1.3%。

据中国统计年鉴显示，近年来我国供水能力稳步提升，2018 年供水综合生产能力为 32 072.7 万 m^3/日，较 2019 年增长 1 174.85 万 m^3/日；我国城市水资源供给和需求均大幅增加，供水总量增长 15.16%，用水人口数量增长 22.41%，供水管道长度增长幅度更是达到 48.79%。

虽然用水效率在不断提升，用水结构在不断优化，但我国水资源问题仍存在供需矛盾。在现有水资源状况下，加强供水设施的优化、确保供水安全稳定、降低事故发生率，是有效提升供水效率、实现水资源可持续利用的重要举措。

3. 管网内源性问题增现

目前，我国多数城市的供水管网已达到设计使用年限，长时间的使用致使管道产生内外壁腐蚀及结垢现象。大口径管道一般使用金属管材，长期埋地敷设外壁易受腐蚀，而管道内壁输送一些腐蚀性水，使得管壁变薄，承压能力下降；同时由于长时间与水接触，水质矿物凝结，内壁会形成结核状结垢，造成管道实际内径变小。这些水垢和锈蚀不仅会使管道受损，还会随着水流流入城市用水中，直接影响公共卫生安全。

在供水管网建设早期，多数地区采用耐久性强、强度高的灰口铸铁管作为主要供水管材，但其塑性和韧性较差，且多为单层管道，在外力作用下极易发生变形，导致漏损甚至爆管现象，影响用户的用水需求，导致经济损失惨重、负面影响严重。

由于管道老化、管材材质不良、施工工艺陈旧等多重因素的影响，城市供水管网存在漏损、爆管、供水压力不足等问题，严重影响了供水系统的安全可靠性。在此现状下，城市供水管网的改造需要引起重视，通过更换优质新管、采用合适的管件、加强重点部位防腐等措施，最大限度地降低管网运行风险，提高管网韧性，确保供水稳定高效。

4. 关键基础设施耦联脆弱

关键基础设施是指确保社会公共安全所依赖的物理设施和信息系统，包括能源、水利设施、交通运输、电力通信、公共健康与卫生、食品供应和金融等系统设施，其遭受破坏或失效后会直接威胁公共健康安全及国家经济安全。关键基础设施之间紧密的相互依赖性使其形成了网络化复杂系统，这种耦合性能够提升服务质量和效率，但也增加了其脆弱性，容易引发级联失效现象，即在单个基础设施遭受破坏时可能会将后果扩散至其他设施系统，导致基础设施系统大面积受损的连锁故障，影响社会整体系统的正常运行。因此很多国家将保护关键基础设施放在重要的地位，成立专门的关键基础设施管理部门，确保其稳定运行。

在信息化时代背景下，电力、通信、水利等关键基础设施系统逐渐成为国与国之间网络对抗的核心战场。因为关键基础设施影响的是国民的生存问题，所以它比一般的网络攻击更具破坏性,极可能引发社会恐慌、系统瘫痪等严重后果,近年来成为相关领域的研究热点,且上升到国家战略层面。作为城市关键基础设施的重要组成部分,供水管网的安全性和可靠性是保障城市正常稳定运行的重要一环,需要对其进行全面评估。

5. 韧性城市备受关注

近年来,在全球化和气候变化背景下,各种自然灾害越发残酷,城市可持续发展面临自然、社会、经济各方面的巨大挑战,如何提高城市系统的抵御力、恢复力和适应力成为研究热点,于是产生了"韧性城市"的概念,即在面对环境变化、自然灾害和人为灾害等干扰时,城市系统在当下或未来时期能够有效应对、及时恢复,从而维持城市系统基本功能正常运转。

为应对各种不确定性风险,国际社会普遍倡导建设韧性城市,将建设韧性城市作为可持续发展的新兴战略已达成基本共识。目前,我国主要通过建设国际韧性城市、海绵城市、气候适应性城市 3 类试点的方式将韧性城市的建设付诸实践。2013 年,美国洛克菲勒基金会提出"全球 100 韧性城市"项目,旨在为城市提供资源和技术支持,制订和实施韧性计划,提升城市的韧性能力,我国的湖北黄石、四川德阳、浙江海盐和浙江义乌 4 个城市先后成功入选。2015 年4 月,我国针对城市雨洪管理,开展第一批海绵城市建设试点工作,即城市如同吸水能力较强的海绵,在适应环境变化、应对自然灾害等方面"韧性"较好,下雨时吸水、蓄水、渗水、净水,必要时将蓄水"释放"使用,提高城市防洪排涝减灾能力。2017 年 1 月公布了 28 个气候适应性试点城市,主要应对气候变化所带来的各种灾害风险。建设韧性城市是城市应对气候变化的重要举措。

韧性城市是由人类社区及物质系统构成的,加强基础设施的韧性是建设韧性城市中极其重要的环节,通过新技术、合理规划与管理等措施,在韧性视角下增强城市基础设施对抗风险和不确定性的能力。虽然韧性城市理论还不够完善,其定义尚存在一些争议,但基于城市快速发展的需求,国内外对韧性城市的构建都在大力推进,对城市韧性的量化评价研究也逐渐开展。城市供水管网韧性是城市韧性的组成部分,是评价城市韧性的主要指标,因此对城市供水管网韧性的研究是更好发展韧性城市的内在需求。

目前,城市化进程不断加快,自然灾害频发,发展韧性城市的需求不断提高，但基于能量和拓扑视角的城市供水管网韧性研究欠缺，用于韧性评估的拓扑指标的适当性尚不清楚。基于此，本章从能量和拓扑角度出发，对城市供水管网韧性指数与拓扑指标之间的关联性进行分析，找出与韧性测定相匹配的拓扑指标，对城市供水管网的韧性发展具有以下 3 点重要意义。

（1）深入分析城市供水管网韧性，有利于确保供水管网性能。

城市供水管网作为重要基础设施之一，其韧性是确保公共安全和城市功能持续运行的重要因素。在气候变化、自然灾害及城市扩张等情况下，供水管网在面对不可预见但不可避免的失效的脆弱性增加。在面对灾害或攻击时，韧性指数越高，供水管网的抵抗和恢复能力越强，所以剖析了城市供水管网韧性的内涵及测定方法。对于现有城市供水管网，借助 Epanet 等软件模拟其在不同攻击模式下的运行状态，通过测定韧性可以评估管网在该情境下的吸收能力、恢复能力和适应能力，以便及时优化管网中的薄弱环节，保证管网良好运行，满足用水需求。对于拟建供水管网，提前模拟运行情况并评估其韧性，在测试性能良好的基础上进入投资建设阶段，可以确保投资效益，正式运行后保证良好的供水状态。

（2）从拓扑角度评价，有利于提供韧性测定新思路。

城市供水管网韧性评估的传统方法有代理方法、模拟方法，二者多是从服务功能角度对管网性能予以评价。代理方法是以韧性指数、网络韧性指数、修正韧性指数为基础，从而对管网进行改进、优化和对比研究。模拟方法考虑了不确定性因素，评价不同攻击情境下供水管网的韧性。但网络方法强调从拓扑角度评价，能够处理大规模数据。已有研究多是基于单一供水管网案例进行分析，对多个管网案例之间共有的拓扑属性的研究较少，从多拓扑指标、复合网络结构角度探索供水管网韧性为其测定提供了新思路，有助于水务管理人员评价系统安全。

（3）传统方法与网络拓扑相结合，有利于快速稳定评价管网韧性。

城市供水管网韧性要从拓扑结构和服务功能两个方面来评价。传统的代理方法和模拟方法主要从服务功能，即能量角度出发，韧性评价参数较多，且多失效模式的组合会造成计算量剧增，导致计算成本高昂。网络方法强调拓扑结构评价，其能够处理大规模数据，对大型供水管网快速给出评价结果。如果将网络拓扑方法和传统的基于能量的韧性测定方法结合，即通过拓扑指标和韧性指数的关联性测定，寻求能够替代韧性指数实现有效测算韧性的拓扑指标，有效提高测算效率，有利于快速稳定地全面评估韧性，搭建韧性和网络科学之间的桥梁，为智慧城市实施大规模监测打好基础。

3.2 城市供水管网韧性指数

基于能量的城市供水管网韧性评价，选取韧性指数为代理指标，其从服务功能角度对管网的性能予以评估。

3.2.1 测算方法

韧性定义为吸收局部失效、快速恢复并维持基本服务功能、适应环境长期变化和不确定性扰动的能力。Todini[2]将韧性指标定义为网络节点的水压冗余量。根据 Todini[2]的研究，本章所用城市供水管网案例水源均为水库供水，韧性指数 RI 从能量视角对韧性进行评估，表示为

$$\text{RI} = \frac{\sum_{j=1}^{n_n} Q_j^{\text{req}}(H_j^{\text{req}} - H_j^{\text{min}})}{\sum_{k=1}^{n_r} Q_k^{\text{res}} H_k^{\text{res}} - \sum_{i=1}^{n_n} Q_j^{\text{req}} H_j^{\text{min}}} \tag{3-1}$$

式中：Q_j^{req} ——节点 j 需水量；

H_j^{req} ——节点 j 水头；

n_n ——节点数量；

H_j^{min} ——节点 j 最小要求水头；

n_r ——水库数量；

Q_k^{res} ——水库 k 供水量；

H_k^{res} ——水库 k 水头。

因为节点水头等于节点水压与高程之和，则有

$$\begin{cases} H_j^{\text{req}} = P_j^{\text{req}} + E_j \\ H_j^{\text{min}} = P_j^{\text{min}} + E_j \end{cases} \tag{3-2}$$

式中：P_j^{req} ——节点 j 服务水压；

P_j^{min} ——节点 j 最低要求水压；

E_j ——节点 j 高程。

3.2.2 数值算例

选取 BakRyan Network、Two-Loop Network、Blacksburg Network、Hanoi Network、New York Tunnel Network、Balerma Irrigation Network、Modena Network 7 个基准管网数据作为数值算例，各供水管网拓扑结构如图 3.1 所示，基准管网信息见表 3.1，表中 SP、MP、LP 分别表示小型问题、中型问题、大型问题。

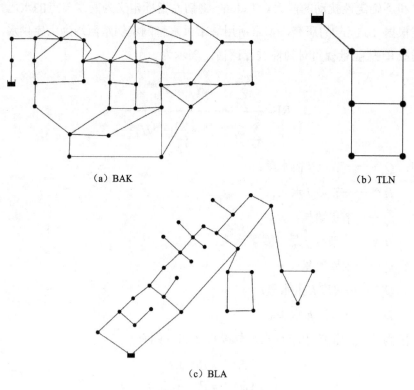

（a）BAK

（b）TLN

（c）BLA

图 3.1　各供水管网拓扑结构图

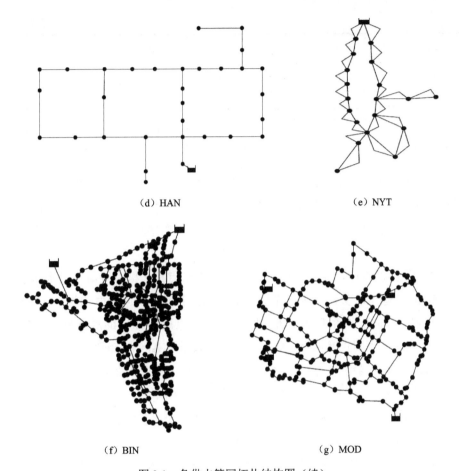

（d）HAN   （e）NYT

（f）BIN   （g）MOD

图 3.1 各供水管网拓扑结构图（续）

表 3.1 基准管网信息

类别	名称	简称	水源	需求节点	管段
SP	BakRyan Network	BAK	1	35	58
SP	Two-Loop Network	TLN	1	6	8
MP	Blacksburg Network	BLA	1	30	35
MP	Hanoi Network	HAN	1	31	34

续表

类别	名称	简称	水源	需求节点	管段
MP	New York Tunnel Network	NYT	1	19	42
LP	Balerma Irrigation Network	BIN	4	443	454
LP	Modena Network	MOD	4	268	317

BakRyan 网络（BAK）[51]由 1 个水库、35 个需求节点和 58 根管段（包括 9 根待测量的新管段）组成。水库水头为 58 m 的恒定水头。每根新管段的 Hazen-Williams 粗糙系数为 100。所有需求节点离地标高的最低标高要求为 15 m。

双环网络（TLN）由 1 个水库、6 个需求节点和 8 根管段组成。水库水头为 210 m 的恒定水头。作为一个假设的管网，其所有管段长度均为 1 000 m，Hazen-Williams 粗糙系数为 130。所有需求节点离地标高的最低标高要求为 300 m。为保证管网正常运行，TLN 的管径设置采取 Alperovits[52]优化后的数据。

Blacksburg 网络（BLA）[53]由 1 个水库、30 个需求节点和 35 根管段组成。水库的固定水头为 715.56 m。Hazen-Williams 粗糙系数为 120，适用于管网中的所有管段。在单一加载条件下，各节点的压力要求被限制在规定的范围内。每个节点离地标高的最低标高要求为 30 m。

Hanoi 网络（HAN）[54]是由 1 个水库、31 个需求节点和 34 根管段组成的三环网络，水库的固定水头为 100 m。所有管段的 Hazen-Williams 粗糙系数为 130。每个节点离地标高的最低标高要求为 30 m。

纽约网络（NYT）由 1 个水库、19 个需求节点和 42 根管段组成的双环网络。水库的固定水头为 300 英尺，1 英尺=0.304 8 m。管段的 Hazen-Williams 粗糙系数都是 100。除节点 16 和节点 17 分别为 260 英尺和 272.8 英尺外，所有需求节点的最低水压要求都限制为 255 英尺。

Balerma Irrigation 网络（BIN）[55]包括 4 个水库、443 个需求节点和 454 根相对较小长度的管段。4 个固定水头的水库，水头在 112～127 m 之间。管段的材料是聚氯乙烯（PVC）。Darcy-Weisbach 粗糙系数为 0.002 5，适用于所有管段。所有需求节点离地标高的最低水压要求为 20 m。

Modena 网络（MOD）[56]包括 4 个水库、268 个需求节点和 317 根管段。4 个固定水头的水库，水头均在 72.0～74.5 m 之间。管段材质与 PES 相同。所有管段均采用 130 的 Hazen-Williams 粗糙系数。所有需求节点的最低水压要求保持在 20 m。

供水管网可以表示为加权双向网络，其中网络流的方向和分配给图中每个连接或节点的权重由物理和运行属性确定，如节点对水的需求或每根管段内的实际流量。为了保持测量结果的一致性，本研究中的所有城市供水管网案例所抽象的网络都被视为无向图和未加权图。

3.2.3 结果分析

通过 Matlab 计算各城市供水管网韧性指数，结果如图 3.2 所示。TLN 和 HAN 两个管网的韧性指数值都为 1，达到最高水平。在面对灾害或攻击时，韧性指数越高，城市供水管网的抵抗和恢复能力越强。

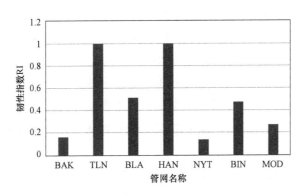

图 3.2 各城市供水管网韧性指数柱形图

韧性指数的计算与供水管网的运行状态直接相关，如节点的服务水压和水头等。作为韧性指数最大的两个管网，TLN 和 HAN 有共同的特点，即其节点的服务水压远大于要求的最低水压，所以能够充分满足用户需求。这两个管网都经过了一定的优化，整体管径设置较高，所以能更好地保证水压和水量。BLA 和 BIN 的韧性指数分别为 0.51 和 0.47，其基本满足节点最低水压要求。而 BAK、

NYT、MOD 的韧性指数较低，分别为 0.16、0.14、0.27，说明这 3 个管网的韧性较差，不能很好地抵抗攻击并从中恢复。

3.3　城市供水管网拓扑属性测算

基于拓扑的城市供水管网韧性评价，根据管网特征，选取 10 个拓扑指标对供水管网予以评估。

3.3.1　拓扑属性

城市供水管网的拓扑性质以复杂网络理论中的统计指标为特征，拓扑结构度量指标是刻画网络结构、分析网络功能、解释动态过程的基本技术和工具。根据图论和复杂网络理论，连通性、效率、中心性、多样性、鲁棒性和模块性被评估为网络的关键拓扑属性，每个属性可以使用一个或多个代表性指标进行衡量。

连通性（connectivity）：图的连通性是图的基本性质。连通图的连通程度叫作连通度。通常一个图的连通度越好，其所表示的网络就越稳定。

效率（efficiency）：节点效率是指网络中某一节点与其他节点信息交换的效率，即信息到达其他节点的难易程度，而网络效率则是全局性概念，是所有节点效率的平均值，用来定量分析复杂网络中小世界的拓扑结构特征。节点效率越高表示该节点与其他节点之间的信息交互越容易，消耗的能量越少，节点效率通常通过距离来表示。

中心性（centrality）：节点中心性用来判定节点在网络中是否处于中心地位，即衡量节点的重要程度，中心度是该重要程度的数字表达。节点中心性的 3 个常见中心性度量分别是点度中心性（degree centrality）、中间中心性（betweenness centrality）和接近中心性（closeness centrality）。

点度中心性是描述节点中心性最简单直接的指标，定义为与某一节点直接相连的节点数量，该指标高的节点对网络的稳定性起着重要作用。中间中心性侧重衡量节点的信息传递能力，定义为某一节点作为其他两个节点之间最短路径的桥梁的次数。一个节点的中间中心性越高，表示该节点更多地出现在其他节点之间的最短路径上，属于信息交流枢纽。接近中心性侧重考察某节点进行信息传递时不依靠其他节点的程度，定义为节点与其他所有网络中节点之间的最短路径的平均长度的倒数。

多样性（diversity）：真实系统中个体之间的信息交流等活动在不同程度上依赖于网络的拓扑结构，节点结构的多样性会影响个体的行为。复杂网络中的多样性通常通过异质性来表示。

鲁棒性（robustness）：复杂网络在运行过程中总会受到不同程度的干扰或破坏，导致网络性能降低，严重时会导致网络功能完全丧失，给网络中的用户造成严重的后果。鲁棒性是指网络所代表的真实系统在受到外界扰动时，依然能够维持稳定、可靠状态的特性。

模块性（modularity）：复杂网络模块性用以衡量网络社区划分的质量，对一个网络进行不同的社区划分则会出现不同的模块度。模块度越大，表示社区划分越合理；反之，模块度越小，说明社区划分越模糊。

3.3.2 指标定义

根据城市供水管网的拓扑结构特点，筛选出各拓扑属性所对应的指标，其中连通性的代表性指标有连接密度、代数连通度、聚类系数和网格度系数，效率的代表性指标有网络直径和平均路径长度，中心性的代表性指标为中间中心势，多样性的代表性指标为异质性，鲁棒性的代表性指标为谱隙，模块性的代表性指标为模块化系数，即共选取 10 个指标作为供水管网拓扑评价指标。

连接密度 q（link density）：指一个网络中各个节点之间联系的紧密程度，是网络结构总体连通度或稀疏度的最基本指标。该指标不是尺度固定的，其大小可能会随着网络的大小而改变。

$$q = \frac{2m}{n(n-1)} \tag{3-3}$$

式中： m ——网络中的连接数；

　　　n ——网络中的节点数。

网络连接密度的取值范围为[0,1]，值越大表示网络内部连通性越好。当网络内部不存在连接关系时，$q=0$；当网络内部完全连通时，$q=1$。在实际网络中，连接密度的值一般远小于 1。密度为 1 的网络基本不存在，实际网络中能够发现的最大密度值为 0.5。通常来说，相对于小规模网络，大规模网络的密度要更小一些，不同规模网络的密度无法进行直接比较。

代数连通度 λ_2（algebraic connectivity）：该指标量化了网络的结构鲁棒性和容错能力。图 G 的拉普拉斯矩阵记为 $L(G)$，若矩阵 $L(G)$ 的特征值为 $\lambda_n \geq \lambda_{n-1} \geq \cdots \geq \lambda_2 \geq \lambda_1 = 0$，则称 λ_2 为 G 的代数连通度，其中 n 为网络中节点的数量，$\lambda_2 > 0$ 当且仅当图 G 是连通的。网络拉普拉斯矩阵的最小特征值为 0，其多重性等于网络中连通分量的数目，但较大的代数连通度能够增强网络的容错能力和鲁棒性，以防止将网络分割成孤立的部分。

聚类系数 C（clustering coefficient）：也称为传递性，它通过量化三角形环状结构的密度和图中连接的程度来度量冗余，描述了网络中节点的邻居节点也互为邻居的可能性。聚类系数分为局部聚类系数和全局聚类系数。

局部计算是基于节点的。假设网络中节点 i 的节点度为 k_i，即有 k_i 条边与节点 i 相连，节点 i 有 k_i 个相邻节点。在这 k_i 个节点之间最多可能有 $k_i(k_i-1)/2$ 条边，若实际存在的边数为 E_i，则实际存在的边数与这些相邻节点间最大可能存在的边数的比值就称为节点 i 的聚类系数，记为 C_i。

$$C_i = \frac{2E_i}{k_i(k_i-1)} \qquad (3-4)$$

全局聚类系数 C_c 被定义为封闭三元组数目与所有三元组数目的比值。在网格结构和不同于简单三角形结构的网络中，聚类系数通常很小。

$$C_c = \frac{3N_\Delta}{N_3} \qquad (3-5)$$

式中：N_Δ——三角形数目；

N_3——图中所有三元组的个数。

网格度系数 R_m（meshedness coefficient）：用于量化网络中任意长度的一般回路的状态。它通过找出平面图中实际存在的独立回路数（$m-n-1$）占最大可能回路数（$2n-5$）的百分比，来估计城市供水管网中的拓扑冗余度。

$$R_{\mathrm{m}} = \frac{m-n+1}{2n-5} \qquad (3-6)$$

网络直径 d_{T}（diameter）：捕获网络中节点的最大偏心量，结合链路的欧氏长度分布，提供了网络拓扑和地理分布的基本度量。网络中节点 v_i 和 v_j 之间可能存在多条路径，其中最短路径的边数定义为节点间的距离，记为 d_{ij}，而 $1/d_{ij}$ 即为节点 v_i 和 v_j 之间的效率，用于衡量节点间的信息传递速度。网络直径则定义为所有节点对距离 d_{ij} 中的最大值，即

$$d_{\mathrm{T}} = \max\{d(v_i, v_j) : \forall v_i \in V\} \qquad (3-7)$$

平均路径长度 l_{T}（average path length）：又称为特征路径长度，定义为所有节点对之间距离的平均值，其估计了从一个点到另一个点需要穿越的边的平均数量，是最稳健的网络拓扑度量之一。它反映了网络的全局特性，描述了网络中节点间的平均分离程度，即网络有多小。在无权图中，$d(v_i, v_j)$ 表示节点 v_i 和 v_j 之间的距离，当 v_i 和 v_j 之间没有路径或 v_i 和 v_j 为同一节点时，$d(v_i, v_j) = 0$。平均路径长度 l_{T} 为

$$l_{\mathrm{T}} = \frac{1}{n(n-1)} \sum_{i,j} d(v_i, v_j) \qquad (3-8)$$

中间中心势 C_{B}（betweenness centrality）：测量网络拓扑在中心位置附近的集中程度，可以将其视为针对可能发生在该中心位置周围故障的网络漏洞的量化器。该指标的计算基于网络节点的介数中心性，节点的介数 B_i 能够反映节点在整个网络中的作用和影响力，定义为通过该节点的两个给定顶点之间最短路径条数除以这两个顶点之间最短路径总数。

$$B_i = \sum_{j \neq l \neq i} \frac{N_{jl}(i)}{N_{jl}} \qquad (3-9)$$

式中： N_{jl} ——节点 v_j 和 v_l 之间的最短路径条数；

$N_{jl}(i)$ ——节点 v_j 和 v_l 之间的最短路径经过节点 v_i 的条数。

中间中心势 C_{B} 定义为最中心点 $B_{\max}$ 的中心性与所有其他网络节点 B_i 的中心性的平均差值。

$$C_B = \frac{1}{n-1} \sum_i (B_{max} - B_i) \tag{3-10}$$

异质性 H（heterogeneity）：指节点度方差系数（为图中平均节点度），度量了节点度和平均节点度之间的偏离程度，用于探究复杂网络中不同节点度的差异程度。若 k_i 为图中节点 v_j 的度，$\bar{k}$ 为图中所有节点的平均节点度，即节点度分布的平均值，则节点度方差系数可表示为

$$H = \frac{1}{\bar{k}} \times \sum_{i=1}^{n} \left(k_i - \bar{k} \right)^2 \tag{3-11}$$

谱隙 $\Delta\lambda$（spectral gap）：是邻接矩阵第一特征值和第二特征值的差值，提供了关于网络稳健性的信息。谱隙用于检测具有"良好扩展"特性和鲁棒性的网络，网络具有良好扩展特性的必要条件是具有较大的谱隙。

模块化系数 Q（modulity indicator）：用来度量网络中聚类的强度，定义了节点属于某一社团的可能性，在网络形成时衡量节点是否属于某一社团，其大小主要取决于网络的社区划分情况。模块度的取值区间为[-0.5, 1)，当值接近 0 时，表明网络中不存在社团结构，即网络中的节点是随意相连的；随着该值增大，社团结构变得更加清晰，当值越接近 1 时，表示划分出的社区结构的强度越强，即网络社区划分质量越好，社区内部节点之间联系越密集。

本节所使用的拓扑指标总结如表 3.2 所示。

表 3.2　拓扑指标总结

指标	定义	拓扑属性
连接密度	连接总数与最大连接数之间的比例	连通性
代数连通度	网络归一化拉普拉斯矩阵的第二小特征值	连通性
聚类系数	封闭三元组数目 $3N_\Delta$ 与所有三元组总数 N_3 的比值，N_Δ 表示三角形个数	连通性
网格度系数	平面图中独立回路的总数与最大数目之间的比值	连通性
网络直径	网络中任意两个节点之间的最大路径距离	效率

续表

指标	定义	拓扑属性
特征路径长度	所有节点对之间距离的平均值	效率
中间中心势	最中心点 B_{max} 的中心性与所有其他网络节点 B_i 的中心性的平均差值	中心性
异质性	节点度方差系数（$\bar{k}$ 为图中平均节点度，即节点度分布的平均值）	多样性
谱隙	图的邻接矩阵的第一特征值与第二特征值之差	鲁棒性
模块化系数	节点属于某一社团的可能性	模块性

3.3.3 算法实现

Python 是一种程序设计语言，Pycharm 是一种集成开发环境，在该环境里可以进行 Python 语言的编写和运行，使用 Pycharm 必须安装 Python 编译器。通过 Pycharm 中 setting 目录下的 Python Interpreter 可以查看当前项目所使用的编译器以及所安装的扩展库，如果需要添加扩展库，可以通过 install 选项进行安装。如果程序运行报错，软件会定位到错误语句，便于进行修改。基于 Python 简单易操作、扩展库丰富的主要特点，使用 Pycharm 编写 Python 程序进行拓扑指标的测算。

具体算法实现包括以下 5 个步骤。

（1）导入模块：在使用一个模块中的函数或类之前，必须先导入该模块，Python 中通过 import 语句实现模块的导入。通过 "import networkx as nx" "import numpy as np" "import matplotlib.pyplot as plt" "import igraph as ig" "import os" 等分别导入 NetworkX 库、Numpy 库、Matplotlib 库、Igraph 库以及 OS 库。

NetworkX 是使用 Python 语言编写的用于建立复杂网络模型的软件包，该扩展库中内置了常用的图与复杂网络分析算法，便于用户进行数据分析、建模等操作。NetworkX 支持创建简单无向图（undirected graph）、有向图（directed graph）和多重图（multigraph），且图中支持节点为任意数据，边值可为任意维度。利用 NetworkX 能以数据格式存储网络、生成网络、分析网络结构、建立网络模型、绘制网络等。NetworkX 以图（graph）为基本数据结构。图的生成方式主要有 3 种：第一种是通过编写程序生成，如"nx.Graph（）"表示创建一个无向图；第二种是通过导入在线数据源生成；第三种是通过读取文件或数据库中的信息生成。NetworkX 功能丰富，简单易用，是图论与复杂网络分析中不可或缺的工具。

Numpy 是一个由多维数组对象和用于处理数组的例程集合组成的库，其支持大量的维度数组和矩阵运算，对数组运算提供了大量的数学函数库。相对于 Python 列表，Numpy 的优势在于：第一是速度快，因为 Numpy 本身能够节省内存，且其采用优化算法执行算术运算、统计运算以及线性代数运算，所以在运行大型数组时，Numpy 的速度远远快于 Python 列表的速度；第二是具有大量优化的内置数学函数，这些内置函数使用户使用较少的代码就可以达到所需目的，使程序简短清晰，易于理解，而且进行各种复杂的数学计算非常快速。Numpy 中包含表示向量和矩阵的多维数组数据结构，而且对矩阵运算进行了优化，使用户在执行线性代数运算时非常高效，所以 Numpy 非常适合解决机器学习问题。

通过 Numpy 的统计分析，可以以真实的数据表示数据的各项指标，而想要直观地看出数据分布的规律则需要图形的支撑。Matplotlib 是 Python 的 2D 绘图库，是受 Matlab 的启发构建的。Matplotlib 的绘图步骤为：首先是创建画布与创建子图；其次是添加画布内容，这是绘图的主体部分；最后是保存与展示图形。Matplotlib 绘图流程如图 3.3 所示。

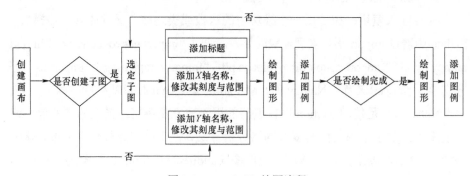

图 3.3　Matplotlib 绘图流程

Igraph 是一个与图相关的强大工具包，其内置方法可以通过邻接矩阵生成无向图、有向图、加权图等多种类型的图。Python-igraph 采用 Cairo 作为画图工具，Cairo 只能生成矢量图，如果需要对标题和颜色条进行编辑，可以将 Igraph 与 Matplotlib 结合起来使用。

OS 库是 Python 的标准库，其提供通用的、基本的操作系统交互功能，包括 Windows、Mac OS、Linux。OS 库中包含数百个函数，分为常用路径操作、进程管理和环境参数等几类，以便用户对文件和目录进行操作。路径操作可通过 os.path 子库进行操作，用于处理文件路径，如 "os.path.abspath()" 表示返回 path 在当前系统中的绝对路径。进程管理是指启动系统中其他程序，语句形式是 "os.system(command)"。环境参数是指获得系统软硬件等环境参数。

（2）读取文件：利用 os.chdir 读取 txt 格式的供水管网案例数据，语句形式为 "os.chdir()"。管网案例数据从 Exeter 获取，包含管网的节点及管段等详细信息，以 txt 格式保存。

（3）建立复杂网络模型：利用 nx.graph 将供水管网系统抽象为复杂网络的形式并通过 nx.draw 进行绘制，其中 nx 表示 NetworkX。

（4）绘图：利用 plt.show 展示所绘制的供水管网图形，其中 plt 表示 Matplotlib.pyplot，用以绘制图形。

（5）指标计算：各个指标可直接通过 Python 的内嵌程序语言进行表示，如代数连通度可以利用 "AC = nx.algebraic_connectivity（G）" 计算，其中 AC 表示代数连通度，G 代表供水管网所抽象成的图形。

3.3.4 结果分析

各城市供水管网拓扑指标值如表 3.3 所示，箱型图如图 3.4 所示。

表 3.3 各城市供水管网拓扑指标值

管网	q	λ_2	C_c	R_m	d_T	l_T	C_B	H	$\Delta\lambda$	Q
BAK	0.083	0.079	0.08	0.343	12	4.303	0.241	0.280	0.479	0.588
TLN	0.381	0.609	0	0.222	4	1.905	0.243	0.306	1.221	0.148

管网	q	λ_2	C_c	R_m	d_T	l_T	C_B	H	$\Delta\lambda$	Q
BLA	0.075	0.090	0.075	0.088	9	4.370	0.437	0.405	0.308	0.601
HAN	0.069	0.061	0	0.051	13	5.306	0.263	0.282	0.274	0.589
NYT	0.111	0.118	0	0.657	9	4.211	0.289	0.297	0.556	0.562
BIN	0.005	0.001	0	0.009	60	23.886	0.488	0.406	0.084	0.890
MOD	0.009	0.009	0.005	0.085	38	14.045	0.805	0.280	0.138	0.803

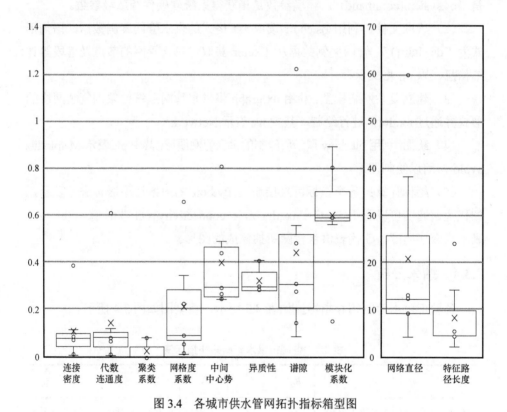

图 3.4 各城市供水管网拓扑指标箱型图

箱型图中涉及的数值概念有下边缘、上边缘、下四分位数 Q_1、上四分位数

Q_3、中位数、均值和异常值。异常值是指大于上四分位数 1.5 倍四分位数差或者小于下四分位数 1.5 倍四分位数差的值，即在[$Q_1 - 1.5\mathrm{IQR}$ ， $Q_3 + 1.5\mathrm{IQR}$]区间之外的数据，其中四分位数差 $\mathrm{IQR} = Q_1 - Q_3$。

在 7 个案例管网中，BAK、TLN 属于小型管网，因此特征路径长度和网络直径都比较小，网络信息交流更加容易，即管网的供水效率较高；中间中心势也比较相近，说明中心性水平相差较小。BAK 的连接密度和代数连通度都较小，表示网络总体连通度较低，但聚类系数和网格度系数较高，又说明网络冗余性较好；而 TLN 拥有最大的连接密度和最大的代数连通度，且均为异常值，表示该网络总体连通度较高，但由于该网络是双环网络，属于网格结构，所以聚类系数很小，网络冗余较低。BAK 的谱隙值较小，说明该供水管网鲁棒性较低，而 TLN 拥有最大的谱隙值，属于箱型图中的异常值，说明该供水管网的鲁棒性很高，具有良好的扩展性。在模块化系数方面，BAK 的值高于 TLN 的值，说明 TLN 网络结构划分比较模糊，BAK 供水管网的社区结构划分更加清晰。

BLA、HAN 和 NYT 属于中型管网，特征路径长度和网络直径与两个小型管网很接近，均属于较低水平，说明管网供水效率较高；模块化系数处于中上等水平，表示管网结构划分较为清晰。HAN 和 NYT 二者的聚类系数均为 0，低于 BLA 的值，表示这两个管网冗余度很低；且 HAN 和 NYT 的中间中心势和异质性也较低，说明管网的中心性和多样性均较低；但 NYT 的谱隙值明显高于 BLA 和 HAN，表明 NYT 的鲁棒性更好。

BIN 和 MOD 属于大型管网，相对于上述 5 个管网，它们的连接密度、代数连通度、聚类系数和网格度系数都偏小，表明这两个大型管网的连通性不如前述管网；同样由于规模较大，节点和边数过多，二者的特征路径长度和网络直径也比较大，所以节点间信息交流更加烦琐，供水管网在输送水流时效率会降低；二者的谱隙值都比较低，网络鲁棒性较差；但二者的模块化系数最高，说明网络社区划分最为清晰。在中间中心势方面，MOD 的值最大且为异常值，说明节点的中心性最高，而 BIN 的中心性水平与前述管网比较接近。

可以看出，连接密度、代数连通度、网络直径、特征路径长度受到网络规模较强的影响，通常网络节点数量越多，网络规模越大，连接密度和代数连通度越小，而网络直径、特征路径长度越大。

3.4 韧性指数与拓扑属性关联度

韧性指数和拓扑指标分别从能量角度和拓扑角度表现供水管网的性能，前者是传统的评估指标，评估准确但计算量大，后者能够更快速地实现测算但准确性尚未确定。对二者进行关联性分析，确定与韧性指数匹配度高的拓扑指标，从而对城市供水管网韧性实现全面快速的评估。

3.4.1 随机森林算法

随机森林算法是回归和分类中常用的机器学习算法，其是基于 Bagging（bootstrap aggregating）的集成算法的代表算法，并以决策树为基学习器，实质上也是对决策树算法的一种改进。随机森林算法的两个核心就是 Bagging 集成学习算法和决策树原理。

1. Bagging 算法

集成算法是由多个弱模型组合成一个强模型，该模型的性能优于任何个体模型，有助于减少偏差或方差。基于 Bagging 的算法和基于 Boosting 的算法是目前常见的两种集成学习算法，两者都是将已有的分类或回归算法通过一定方式组装起来，形成一个强分类器。

Bagging 算法的原理是：首先，从原始样本集中进行随机化抽样，经过 N 次有放回地抽取，生成 N 个数据训练集；其次，每个训练模型都可以生成一个预测值，由于 N 个训练模型相互独立，所以模型可以并行拟合；最后，集成预测就是对 N 个模型的预测结果取均值。而 Boosting 算法的基评估器是相关的，是按照顺序依次构建的。其核心思想是结合弱评估器的力量一次次对难以评估的样本进行预测，从而构成一个强评估器。

2. 决策树

决策树（decision tree）是运用于分类和回归的一种监督学习方法，它通过将大量无规则无次序的数据集进行分类、聚类和预测建模，构造树状结构的分类规则，从而对样本进行分类或预测[57]。

决策树的生成和决策过程为：首先，对训练样本集进行递归测试及分配，从根节点开始，根据测试结果将样本逐步分配到子结点、叶节点直至类中，生成倒置的树状分类结构；然后，对树的各节点及边进行分析，得到分类规则；最后，根据训练得出的规则作出分类或预测。

决策树算法有 ID3、C4.5、CART 等，CART 树是随机森林中决策树常采用的算法。根据目标变量离散还是连续可以分为分类树和回归树，树的类型不同，节点分裂和预测的算法也有差异。

对于分类树，节点划分会使用基于信息熵或者 Gini 系数的算法，预测样本的分类由各个节点的类别情况投票决定。Gini 系数是指在样本数据集中随机抽取的一个样本被分错类的概率，该系数越小代表所选样本的错误分类概率越小，即集合的纯度越高。

数据集 D 的 Gini 系数等于样本被选中的概率与样本被分错类的概率的乘积。

$$\mathrm{Gini}(D) = \sum_{k=1}^{K} p_k (1 - p_k) = 1 - \sum_{k=1}^{K} p_k^2 \qquad (3-12)$$

式中：k ——样本集合中有 k 个类别；

p_k ——选中的样本属于 k 类的概率；

$(1-p_k)$ ——样本被分错类的概率。

而数据集中属性 A 的 Gini 系数的计算首先要依据 A 属性的取值把数据集 D 分成 D_1 和 D_2 两个子集，D_1 和 D_2 两个子集对应的 Gini 系数加权平均即为属性 A 的 Gini 系数，然后选择使 Gini 系数取最小值的属性作为分割属性。

$$\mathrm{Gini}(D, A) = \frac{|D_1|}{|D|} \mathrm{Gini}(D_1) + \frac{|D_2|}{|D|} \mathrm{Gini}(D_2) \qquad (3-13)$$

对于回归树，节点划分会使用最小均方差作为依据，测试样本的预测值为各个节点中样本的均值。即对于任意的属性 A，以任意的划分点 s 将数据集 D 划分为 D_1 和 D_2 两个子集，计算 D_1 和 D_2 的均方差，选择使 D_1、D_2 各自均方差最小且 D_1 和 D_2 的均方差之和最小所对应的特征和特征值划分点进行划分。

$$\min_{A,s}\left[\min_{c_1}\sum_{x_i\in D_1(A,s)}\left(y_i-c_1\right)^2+\min_{c_2}\sum_{x_i\in D_2(A,s)}\left(y_i-c_2\right)^2\right] \qquad (3-14)$$

式中：c_1——数据集 D_1 的样本输出均值；

c_2——数据集 D_2 的样本输出均值。

决策树算法的优点包括：

（1）模型具有可解释性，输出结果可以可视化表达，易于理解；

（2）对中间值的缺失不敏感；

（3）对数值大小不敏感，不需要提前归一化处理，数据准备工作较少。

但决策树算法也存在许多缺点：

（1）可能会生成较复杂的树，使得结果容易过拟合，模型泛化能力差；

（2）不稳定，样本的微小改变就会导致树结构的剧烈改变，可能会生成完全不同的树，该问题可以通过在同一个集合中使用多个决策树来缓解；

（3）寻找最优决策树一般采用启发式方法近似求解，易陷入局部最优，无法保证全局最优。

3. 模型构建

随机森林算法的基本原理是，从原数据集中有放回地抽样获得若干子集，基于各个子集训练出不同的基分类器，再通过基分类器的投票或者取均值获得最终的分类结果或预测结果。随机森林算法是决策树和 Bagging 算法框架相结合所得到的新算法，相对于单一的决策树算法，随机森林算法能够减少过拟合现象，提高模型的预测性能；相对于 Bagging 算法，随机森林算法能够进一步降低估计器的相关性，提高预测性能。

处理分类问题时，每棵决策树都会给出最终的测试样本类别，最后对每棵决策树的输出分类进行综合考虑，通过投票决定样本类别；处理回归问题时，最终结果是取每棵决策树输出的均值。

随机森林的构建步骤为先随机抽样，再随机选取属性，最后建立大量决策树，形成森林，具体实现过程如下。

1）随机抽样

构建 bootstraped 数据集，即如果原数据集 N 中有 n 个样本，则有放回地随

机抽取 n 次，每次随机选择一个样本。被选取的 n 个样本（允许样本重复出现多次）用来训练一个决策树，作为根节点处的样本。

2）随机选取属性

决策树节点的分裂过程为：首先从样本属性 M 中随机选择 m 个属性（$m \ll M$），然后采用 Gini 系数等策略，从选出的 m 个属性中选择一个最优属性作为该节点的分裂属性。

3）建立决策树，形成森林

决策树在形成过程中每个节点都要按照第二步来分裂，且特征被父节点使用以后，后续节点只能从剩下的特征中随机选部分来构造剩下的树，重复节点分裂一直到不能再分裂为止。在生成决策树时，每棵树充分生长，不采取剪枝操作。重复第一步至第三步，建立大量的决策树，就构成了随机森林。

随机森林算法在目前许多数据集上表现良好，与决策树等算法相比具有许多优点，主要包括：由于其随机性多次抽样，在一定程度上避免过拟合；可处理高维度数据，无需进行特征选择；训练速度快，易于实现并行化，准确率高；由于样本选择和特征选择的随机性，抗噪能力较好，性能稳定；可同时处理离散型和连续型数据，不需要对数据集标准化；可以给出特征重要性排序。但当随机森林中的决策树个数很多时，模型训练会比较慢，在某些噪声较大的分类或回归问题上会出现过度拟合。本章主要目的是筛选出与城市供水管网韧性指数相关性较高的拓扑指标，基于随机森林可以给出特征重要性排序等优点，选择随机森林回归算法作为关联性分析的依据。

4. 特征重要性

随机森林提供了平均不纯度减少（mean decrease impurity，MDI）和平均精确度减少（mean decrease accuracy，MDA）两种特征重要性度量的方法。

1）平均不纯度减少（MDI）

随机森林可以按照不纯度给特征排序，然后对整个森林取平均。不纯度在分类问题中通常通过 Gini 系数、信息熵、信息增益来衡量，在回归问题中则是通过方差来衡量。当利用 Gini 系数来衡量时，平均 Gini 系数的下降反映一个变量总体上减少了节点不纯度的平均值，由随机森林中每个决策树中到达该节点的样本比例加权得到。Gini 系数下降的平均值越高，表明变量越重要。

平均不纯度减少方法在进行特征重要性排序时有以下特点：

（1）MDI 不能推广到其他非基于树的分类器；

（2）基于平均不纯度减少的特征选择会偏向于选择具有较多类别的变量；

（3）不能处理存在相关特征时的替代效应。当存在相关特征时，一个特征被选择后，与其相关的替代特征的重要度会被稀释，因为其可以减少的不纯度已被上述特征去除。

2）平均精确度减少（MDA）

平均精确度减少方法是直接测量各个特征对模型预测准确率的影响，通过置换某一列特征值的顺序，观测对模型准确率降低的程度，越重要的特征越会极大地降低模型的准确率，越不重要的特征则影响越小。

平均精确度减少方法在进行特征重要性排序时有以下特点：

（1）MDA 除适用于基于树的分类器之外，也适用于任何分类器；

（2）由于 MDA 基于样本外性能，所以其可能认为所有特征都不重要；

（3）与 MDI 相同，当存在相关特征时，也容易受到替代效应的影响。

3）特征重要性的计算过程

首先，对随机森林中所有的决策树，使用袋外数据（out of bag，OOB）来计算其袋外数据误差率，记为 $errOOB_1$。

随机森林在构建决策树时，使用随机且有放回的 bootstrap sample 方法进行样本选择，对于第 k 棵决策树，有一部分样本没有参与该决策树的生成，这些没有被选中的数据就被称为第 k 棵决策树的袋外数据样本。

袋外数据误差率的计算过程是：首先计算每个样本作为袋外样本的树对其的分类情况，再以简单多数投票表决该样本的分类结果，最后误分数占总样本数的比值即为袋外数据误差率 $errOOB_1$。

其次，随机对袋外数据所有样本的特征 X 加入噪声干扰，再次计算袋外数据误差率，记为 $errOOB_2$。

最后，如果随机森林中有 N 棵树，则特征 X 的重要性表示为 $\sum(errOOB_2 - errOOB_1)/N$。在加入随机噪声干扰后，若袋外数据的准确率显著降低（即 $errOOB_2$ 上升），说明该特征对于样本的预测结果影响很大，即该特征的重要程度比较高。

3.4.2 拓扑与韧性响应模型

拓扑与韧性响应模型的建立过程包括导入模块、读取数据、模型建立、模型交叉验证、特征重要性排序。

1. 导入模块

通过"import numpy as np""import matplotlib.pyplot as plt""import pandas"等分别导入 Numpy 库、Matplotlib 库以及 Pandas 库。

Pandas 工具库用于分析结构化数据，功能十分强大，既可以用于数据挖掘和数据分析，也能用于数据清洗，其使用基础是能够提供高性能矩阵运算的 Numpy 库。Pandas 中包含一些标准的数据模型和大量的库，为用户提供了大量的快速便捷地处理数据的函数和方法。Pandas 中常见的数据结构有 Series（类似一维数组的对象）和 Date Frame（类似多维数组或表格数组的对象）两种。

Scikit-learn（sklearn）封装了许多机器学习方法，包括分类（classfication）、回归（regression）、聚类（clustering）、降维（dimensionality reduction）等方法。它是一个简单高效的数据挖掘和数据分析工具，使用户能够在复杂环境中重复使用，但需要建立在 Numpy、Scipy、Matplotlib 扩展库基础之上。

2. 读取数据

通过 Pandas 读取目标数据，特征包括结构特征（水库、需求节点、管段）、功能特征（节点服务水压、节点高程、节点需水量、管段流速）、网络拓扑特征（连接密度、代数连通度、聚类系数、网格度系数、网络直径、特征路径长度、中间中心势、异质性、谱隙、模块化系数）和类型特征（管网类型）等 18 个特征指标，目标变量即韧性指数。利用"pd.read_csv"语句来实现数据的读取，并使用"np.array"和"np.ravel"建立数据矩阵，其中 x 代表 18 个管网数据特征，y 代表目标变量韧性指数。

3. 建立随机森林模型

步骤 1：随机划分训练集和测试集。

通过"from sklearn.model_selection import train_test_split"命令随机划分训练集和测试集。建模的目的是希望训练好的模型能够对实际数据进行误差较小的预测，把数据分成训练集和测试集是考查模型泛化能力的一种很好的方式。训练集是用来训练模型的数据子集，形成模型的内部结构并进行参数估计；测试集是用来测试训练后模型的数据子集，可将其误差作为最终模型在真实场景中的泛化误差。在划分训练集和测试集之后，将训练好的模型在测试集上计算误差即可验证模型的最终效果，该误差视为泛化误差的近似，训练好的模型在测试集上的误差越小说明模型的效果越好。

步骤 2：合理设置 test_size 和 random_state 两个参数。

test_size 表示测试集占整体样本数据的比例，random_state 表示随机数种子。random_state 的目的是保证每次运行程序时都能够分割相同的训练集和测试集，如果不设置 random_state 的话，构建模型、生成数据集和拆分数据集都是随机进行的过程，在不同的训练集和测试集上同样的算法模型实现的效果会不同。当 random_state = 0 时，每次生成的随机数即随机顺序是不同的；当为固定数值时，每次运行程序时可得到相同的随机顺序。

步骤 3：构建随机森林。

使用 "from sklearn.ensemble import RandomForestRegressor" "rnd_model = RandomForestRegressor" "rnd_model.fit（x_train，y_train）"建立随机森林模型，在生成决策树过程中 n_estimators 是一个重要的参数，其表示对原始数据集进行有放回地抽样生成的子数据集个数，即决策树的数量。数值太小容易出现欠拟合现象，数值太大无法显著提升模型，所以要根据数据集情况设置合理的数值以达到最好的预测效果。

步骤 4：对训练集的特征及结果进行训练。

使用 "rnd_model.fit（x_train，y_train）"进行训练。

4. 模型交叉验证

通过 ShuffleSplit 传入交叉验证，以 r2_scores 即决定系数 R^2 评价模型效果。ShuffleSplit 可以进行随机排列交叉验证，在每次迭代过程中随机抽取整个数据集，按既定比例生成一个训练集和一个测试集。n_splits 表示重复随机排列、分割数据集过程的次数，test_size 和 train_size 参数控制每次迭代的训练集和测试集的数量；random_state 为随机种子值，设置为固定的数值时可以使伪随机结果重复出现。

5. 特征重要性排序

通过"rnd_model.feature_importances_"随机森林可以得出计算特征重要性并予以排序。指标重要性排序过程如图 3.5 所示。

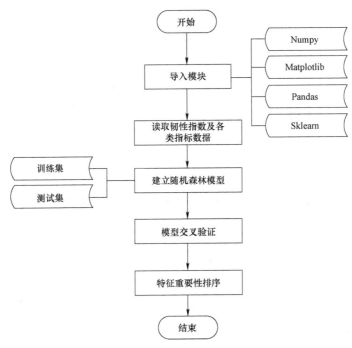

图3.5 指标重要性排序过程

3.4.3 模型评价指标

决定系数（coefficient of determination）记为 R^2，是模型拟合优度的评价指标。R^2 表示一元多项式回归方程的拟合度，即预测的可靠程度。y 的观测值围绕其均值的总体平方和 TSS 可分解为来自回归线（回归平方和 ESS）以及来自随机势力（残差平方和 RSS）的两个部分，即三者的关系为：TSS = ESS + RSS。在给定样本中，TSS 不变，如果实际观测点越接近样本回归线，则 ESS 占 TSS 的比重就越大，因此将决定系数 R^2 定义为回归平方和 ESS 与总体平方和 TSS 的比值。

$$R^2 = \frac{\text{ESS}}{\text{TSS}} = 1 - \frac{\text{RSS}}{\text{TSS}} \tag{3-15}$$

$$\text{TSS} = \sum_{i=1}^{n} \left(y_i - \overline{y}_i \right)^2 \tag{3-16}$$

$$\text{ESS} = \sum_{i=1}^{n} \left(\hat{y}_i - \overline{y}_i \right)^2 \tag{3-17}$$

$$\text{RSS} = \sum_{i=1}^{n} \left(y_i - \hat{y}_i \right)^2 \tag{5-18}$$

式中：y_i——样本值；

$\overline{y}_i$——样本均值；

$\hat{y}_i$——样本预测值。

对于样本数据集，$\sum\limits_{i=1}^{n} \left(y_i - \overline{y}_i \right)^2$ 为确定的数。所以 R^2 越大就表示残差平方和 $\sum\limits_{i=1}^{n} \left(y_i - \hat{y}_i \right)^2$ 越小，即模型拟合得越好；R^2 越小，代表残差平方和越大，即模型拟合得越差。R^2 越接近于 1，表示回归的效果越好。

本节中所建立的随机森林模型 R^2 为 0.889 5，接近 1，说明模型的残差平方和很小，模型拟合效果较好，回归预测较为准确，可以进行后续指标重要性的计算。

3.4.4 结果分析

由于韧性指数是基于供水管网自身的性能予以定义的，其中涉及的参数都直接或间接来源于管段数量、需求节点数量、水库数量等结构特征，管段流速、节点需水量、节点高程、节点服务水压等功能特征以及管网的类型特征，所以这 3 类特征对于管网的韧性评估至关重要。通过水力模拟软件 Epanet 可以直接导出上述特征数据，将这 3 类特征加入与韧性指数的关联性分析（拓扑特征）可以彰显随机森林算法的合理与否，有助于识别更加有效的拓扑指标。

随机森林算法中所有指标重要性系数的和为 1，4 类特征指标的重要性系数如表 3.4 所示，指标重要性排序柱状图如图 3.6 所示。

表 3.4 4 类特征指标的重要性系数

特征类别	指标	重要性系数	排名	拓扑属性
结构特征	管段数量	0.099 8	5	—
	需求节点数量	0.000 6	17	—
	水库数量	0.000 2	18	—
功能特征	管段流速	0.218 9	1	—
	节点需水量	0.133 1	3	—
	节点高程	0.021 4	11	—
	节点服务水压	0.019 0	12	—
类型特征	管网类型	0.005 6	13	
拓扑特征	代数连通度	0.143 0	2	连通性
	连接密度	0.107 9	4	连通性
	中间中心势	0.081 4	6	中心性
	模块化系数	0.048 8	7	模块性
	网络直径	0.045 8	8	效率
	特征路径长度	0.042 4	9	效率
	异质性	0.021 5	10	多样性
	聚类系数	0.004 4	14	连通性
	网格度系数	0.003 2	15	连通性
	谱隙	0.002 9	16	鲁棒性

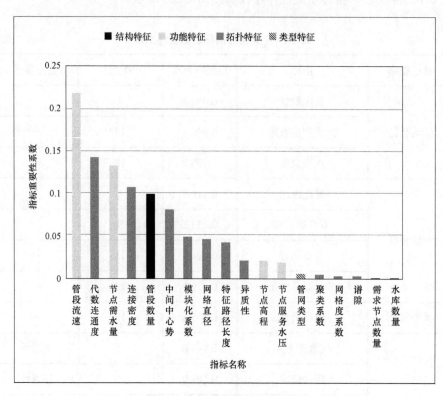

图 3.6　指标重要性排序柱状图

从表 3.4 中可以看出功能特征指标的重要性排名整体比较靠前，因为城市供水管网韧性指数的计算是从能量视角、基于管网的运行状况来进行的，计算公式涉及管网的节点水压水头等功能特征。管段流速重要性系数为 0.218 9，排名第 1，对于同一根水管，其受到的压力越大，水压就越高，水的流速就越快，因为液体的流速与受到的压力成正比，所以管段流速同时又反映了水量以及节点水压的情况，对于测定韧性指数来说相关性较强。节点需水量指标重要性排名第 3，由于不同管网各个节点的需水量有所不同，这里的节点需水量采取的是各供水管网数值算例中需求节点的平均需水量，该指标直观地反映了节点需求是否被满足，也能很好地反映韧性指数。而节点高程和节点服务水压分别排名第 12、第 13，与韧性相关性较弱，这里节点高程和节点服务水压也是采用供水管网各节点的平均值，可能不能很好地反映每个节点的运行状态，所以不适合用来直接衡量供水管网的韧性。整体来看，功能特征对于韧性的测定比较重要。而结构特征和类型特征中除管段数量外其余几个指标排名相对靠后，说明这两类特征对城市供水管网韧性测定来说相对不重要。

城市供水管网的拓扑特征的重要性是分析的重点，代数连通度和连接密度的重要性系数分别为 0.143 0 和 0.107 9，排序分别为第 2 位和第 4 位，与韧性具有强相关性。代数连通度是网络归一化拉普拉斯矩阵的第二小特征值，其代表了网络的容错能力，而连接密度是指连接总数与最大连接数之间的比值，二者均属于连通性指标。这表明网络的代数连通度越大，节点越不容易受故障影响。但在其他类型的网络中，连通性的意义也有差异，比如在社交网络中连通性越强，疾病的传播速度就越快，对人类健康的威胁就越大。而在城市供水管网受到攻击产生故障时，连通性越强意味着有更多的替代路径能够缓解供水压力，缩小受到故障影响的节点范围，所以代数连通度越大意味着供水管网具有更好的韧性性能，有更强的抵抗攻击的能力。

指标重要性排序中第 6 位至第 9 位均为拓扑特征指标，依次为中间中心势（中心性）、模块化系数（模块性）、网络直径和特征路径长度（效率），其重要性系数在 0.04～0.1 之间，与城市供水管网韧性具有较强相关性。中间中心势的值越大表示管网的中心性越强，在受到定向攻击时造成的不良影响越大，因此较高的中心性往往会降低城市供水管网的弹性。模块化程度越高说明供水管网被划分成的社区越多，当远超过网络中可用的水泵或蓄水池的数量时，由于水源对各个社区都很重要，因此模块化越高意味着社区越容易出现供水中断的情况。网络直径和特征路径长度值越大表示供水网络的效率越低，因为供水路径越长耗时越多，同时管道内的损耗也更多，管网的韧性也受到一定的影响。

而异质性（多样性）、聚类系数（连通性）、网格度系数（连通性）、谱隙（鲁棒性）4 个拓扑指标的重要性系数均接近 0，说明与韧性具有弱相关性，其不能代替韧性指数来衡量供水管网的韧性。各管网的异质性数值比较接近，所以与韧性相关性很弱。聚类系数计算的关键元素是网络中的三角形数量，在网状供水管网中闭合三元组不常见，因而有案例中大部分管网的聚类系数为 0，不足以与韧性变化相联系。谱隙是与韧性相关性最弱的指标，应该是由于瓶颈连接的存在极大地影响了光谱间隙（即如果移除了该连接，会使图断开连接形成两个大的连接组件），但由于大型集群水源的存在，其故障不会导致供水管网服务水平的显著下降。

因此拓扑属性中连通性（代数连通度和连接密度）与韧性指数具有强相关性，能够很好地基于能量和拓扑实现对韧性的全面快速评估；中心性（中间中心势）、模块性（模块化系数）和效率（网络直径和特征路径长度）与韧性指数具有较强相关性，而由聚类系数和网格度系数表示的连通性、多样性（异质性）以及鲁棒性（谱隙）与韧性指数相关性较弱。功能指标管段流速和节点需水量能够较好地反映城市供水管网韧性，结构特征和类型特征与韧性相关性较弱。

3.5 算例分析

3.5.1 案例概况

选用文献中山东某县城的供水管网作为案例[58]，该管网中有 1 个水厂，通过 1 个含有两台同型号水泵的二泵站供水，管网包含 21 个节点和 33 根管段，管段材质为球墨铸铁管。该供水管网的管网拓扑结构图如图 3.7 所示。

调用 Epanet，采用 Hazen-Williams 公式进行水力计算，摩阻系数设定为 100。同时开启两台水泵，管网正常运行，各节点的水量、水压要求均能被满足。随着管网使用年限的增长，管道内壁的摩阻系数不断增大，若要保证居民用水需求，管网运行费用会相应提升，也更容易产生故障。当管网具有更安全的拓扑结构时，其运行过程将会有更多的保障。

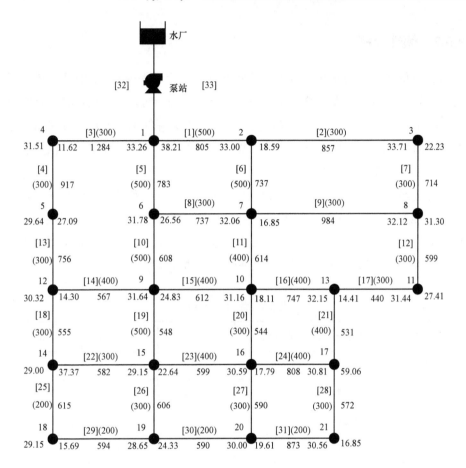

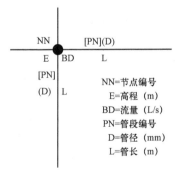

NN=节点编号
E=高程（m）
BD=流量（L/s）
PN=管段编号
D=管径（mm）
L=管长（m）

图3.7 供水管网的管网拓扑结构图

3.5.2　韧性分析

城市供水管网的拓扑结构代表着实际管网运行过程中的供水路径,该管网为环状管网,当某一段管道损坏时或供水路径被切断时,可以通过其他路径供水,供水路径越多,水流分配灵活度越大,更能够降低供水节点局部失效的影响,从而使供水可靠性得到一定的保障,相对于树状管网,环状管网供水安全性较高,但成本也较高。

通过对案例管网进行瞬时水力模拟,从表 3.5 可以看出,各节点水压较为均匀,维持在 30~36 m 区间内。其中节点 3 水压最低,在管网受到攻击影响供水时,该节点可能会出现服务水压低于最低水压的情况,从而无法满足该节点用水需求,该节点可靠性较差,影响管网的整体韧性。

表 3.5　管网节点水压

节点编号	水压/m	节点编号	水压/m	节点编号	水压/m
1	35.19	8	31.39	15	33.98
2	33.07	9	32.04	16	32.29
3	30.29	10	32.47	17	31.83
4	33.23	11	31.49	18	33.09
5	33.85	12	33.13	19	33.83
6	33.54	13	30.78	20	32.49
7	32.97	14	33.87	21	31.90

根据 3.4 节的分析,代数连通度和连接密度两个拓扑指标与韧性指数关联性最强,即这两个指标能够对管网韧性实现可靠的评估。将案例管网数据带入拓扑指标测算模型,进行韧性评估。可得出代数连通度为 0.350 8,连接密度为 0.148。网络的连通度越小,节点越容易受故障影响,即管网的韧性越弱。代数连通度较小表示该案例管网的结构鲁棒性和容错能力较低,网络容易被分

割成孤立的部分。从拓扑图中可以看出管网的整体连接较为稀疏，这是导致连接密度值较小的原因，从而使管网的容错能力变小，不具备较好的韧性，不能较好地吸收局部失效，在管网失效后不能快速恢复服务功能，也不能较好地适应环境长期变化和不确定性扰动。

从案例可以看出，相较于传统的韧性评估，使用代数连通度和连接密度两个连通性拓扑指标评估在速度上具有较大优势，因为其不用获取实时数据，仅凭拓扑结构就能实现快速评价，节省时间与成本。

本 章 小 结

本章基于水力计算理论和复杂网络理论，在城市供水管网韧性指数和拓扑指标计算的数据基础上，建立了城市供水管网拓扑与韧性响应模型，目的是揭示拓扑指标与供水系统韧性的响应关系与匹配程度，探寻哪些指标能够全面反映供水管网的韧性。

拓扑属性中连通性与韧性指数具有强相关性，代数连通度和连接密度为其代表性指标。基于拓扑的网络理论方法能够处理大规模的供水管网，韧性指数基于能量，能够很好地反映管网韧性的指标，代数连通度和连接密度与其具有强相关性意味着这两个拓扑指标能够提供快速、实用的韧性评估结果。管段流速和节点需水量两个功能特征指标与韧性相关性较强，其余的功能特征指标、结构指标和类型指标相关性较弱。在衡量城市供水管网韧性时，管段流速和节点需水量是两个很好的参考指标。中心性（中间中心势）、模块性（模块化系数）和效率（网络直径和特征路径长度）与韧性指数具有较强相关性，能在一定程度上反映城市供水管网的韧性性能。而由聚类系数和网格度系数表示的连通性、多样性（异质性）以及鲁棒性（谱隙）与韧性指数具有弱相关性，不足以作为韧性的衡量特征。

第 **4** 章

城市供水管网韧性
多目标优化研究

4.1 引言

　　城市供水管网是供水系统的关键组成部分。一个城市的供水管网往往由多个组件共同组成,如管段、水库和水力装置。每个组件的配置都是在技术和经济之间的权衡。而城市供水管网以网络的形式将各功能组件组成一个整体,以既经济又有效的设计来提供和满足用户需求和节点压力。

　　自 20 世纪 70 年代中期以来,城市供水管网的仿真和优化就不断取得研究进展,为城市供水管网的设计和性能评估提供了有效的决策支持工具。最初的城市供水管网优化设计是一个单目标问题,即城市供水管网关注最小成本,其约束条件是满足节点最低水压或经济流速限制。然而,单目标优化问题没有考虑到城市供水管网的其他目标要求,如节点压力、水质或脆弱性。在管道爆裂、停电或管道老化等不确定性情况下，单纯从成本角度考虑的最佳解决方案可能会导致城市供水管网服务功能的降低。

基于单目标优化问题的不足，城市供水管网多目标优化设计由于考虑了成本和服务性能之间的权衡而受到越来越多的重视。多目标设计是一个非线性、离散的、大规模的优化问题。启发式算法已被证明能够有效搜索和寻找可行解。与传统的优化算法相比，多目标启发式算法因其性能良好而在城市供水管网优化问题中得到了广泛的应用。多目标启发式算法易于理解和实现，并且可以处理非线性和离散的问题。此外，基于种群的启发式算法可以在一次运行中获得多个非劣解。而线性规划和梯度搜索等其他方法，搜索的帕累托最优前沿相对更加复杂和难以实现。

Mehdi 等[59]在研究城市供水管网减压阀配置和可靠性的基础上，采用粒子群优化算法调整节点水压，Zhang 等[60]基于自然边界和行政边界利用遗传算法对水表位置进行优化，以提高城市供水管网水力和水质。Zheng 等[61]开发了一种基于蚁群优化算法的自适应参数策略来解决两个大规模城市供水管网设计问题。Zheng 等[9]利用分解的城市供水管网计算并改进了帕累托最优前沿。Berardi 等[45]通过管段和节点失效检测得到城市供水管网的脆弱位置，并采用多目标遗传算法对网络结构进行优化，为网络可靠性的提高提供指导。Gheisi 等[62]在最大组件失效工况情境下测量了城市供水管网的失效容忍度。di Pierro 等[63]分别对意大利南部和英国的城市供水管网采用混合算法ParEGO 和 LEMMO进行了优化，提高了大规模城市供水管网设计效率。

然而，城市供水管网对灾害非常敏感和脆弱。由于网络结构和资源的不同，失效在城市供水管网中传递和传播的过程存在差异。在抗灾能力研究中，级联失效被确定为网络行为安全的热点。网络中由自然灾害或人为灾害触发的微小扰动可能导致大规模故障。节点或管段的容忍度评估了节点或管段可能承受的最大影响。但是由于预算的限制，节点或管段的容忍度是有限的。这意味着，如果微小干扰引起的需求高于节点或管段容量，则可能产生新的失效情况，该失效过程会持续蔓延下去，直到整个网络重新恢复到新的稳定状态。

如何应对灾害，减少灾害带来的损失，是政府和社会共同面临的迫切需要解决的问题。对城市供水管网级联失效演化进行探索，进而提出有效的控制策略，是预防和控制失效事件蔓延的重要途径。城市供水管网的长期优化需要权衡相互冲突的多种目标，如成本、服务水平、资源分配、地理位置、人口密度等因素。其中，也需要考虑失效状态下网络结构和网络级联动力学的相互作用以刻画城市供水管网的完整特性。模拟和优化城市供水管网中级联故障的传播过程是一种有效的策略。这一策略将有助于预防和控制失效的蔓延。本章以成本最小化和总水压缺口最小化为两个优化目标，建立了两种优化情境：经典优化方案和级联优化方案。通过分析两个基准城市供水管网来说明不同情境之间的差异。利用粒子群优化算法得到了帕累托最优前沿。所提出的优化设计解决方案可帮助规划者和决策者确定最具成本效益的策略，以抵御级联失效，强化城市供水管网并确保其稳定供水。

4.2　多目标优化数学模型的构建

在对供水系统的规划设计过程中，对管网进行优化设计能够极大限度地减少整个项目的投资成本。研究者将优化设计分为 3 个阶段：规划、设计和运行管理。供水管网中的优化问题，一般涉及以最低的成本满足水力性能、提高经济效率、水质改善、存储量控制和其他的重要目标。但所有供水系统的共同目标是以最小化的成本实现安全供水，满足居民和企业的正常用水需求。供水管网的设计应该以低成本和高性能作为基础，设计原则上既要满足水力需求又要满足工程要求。水力需求包括压头、流速、流量、最低运营成本等方面；工程要求则包括管材的选择、系统构件配置以及构件的适用性等方面。

城市供水管网的多目标优化设计是当前引起研究者关注的新方向。多目标最优设计的方法是找到一组不同的解决方案，这些解决方案一起显示出可能的最佳多目标权衡曲面，即帕累托最优前沿。传统的城市供水管网优化设计方案依赖于管段流量的初分结果。但对于大规模的城市供水管网来说，由于各单元关系复杂，要想获得准确的分配结果也是很难的，对于大规模管网更是难上加难。近年来，城市供水管网优化的焦点进入现代化智能优化阶段，这样，不用过多考虑管段流量的初分过程，可以利用计算机软件模拟水流重分过程，通过优化算法获取低成本、高可靠性的优化设计方案。这些优化方法促使设计者在供水管网的规划和设计过程中运用多目标优化决策方法。

城市供水管网的首要目标是在任何时候都要保证供水的水量、水质和水压，系统设计必须通过最经济的方式来实现这些目标。合理的供水系统设计能够降低日常运行成本，并满足消防用水量，而且管网的水压、水量应当适当大于需水量，以保证在紧急情况时依然可以提供正常供水服务。

数学模型能够以最低的运营成本分析，来改善供水网络的基本性能，已经广泛地被研究人员和水务管理者使用。决策问题需要考虑多个目标，例如，服务性能最高、风险最小、误差最小、建造成本最低等。优化问题通常被转变为一系列公式，用以构建多目标优化数学模型，这也是优化过程中最重要的环节。优化技术是权衡这些目标问题的通用方法之一，通过优化模型寻求所有可能解决方案中的最佳解决方案。由此，城市供水管网优化设计问题，主要包括对已有网络结构选择符合设计目标的管径和满足水利及设计约束。城市供水管网优化设计中，不同管径组合设计，得出的建造成本差别明显。通过将满足约束条件的管径进行优化组合设计，运用合理的智能算法求解，可以得到低建设成本和高服务性能的优化方案。

4.2.1　功能优化目标

城市供水管网服务功能的指标一般选择在两种工况下：一是在城市供水管网正常工作的情况下，能满足用户的基本用水量和节点水压；二是在城市供水管网处于失效阶段，能使节点的用水量和水压不低于规定限度，尽可能不影响节点的正常用水。针对城市供水管网的建造工程，管网模型目标函数的约束条件一般选用城市供水管网的压力参数。城市供水管网失效情况一般是由于管网内水压过大而导致的，失效通常表现为供水管网的漏损及爆管现象。另外，失效的概率和管网内的水压呈正相关关系，因此，低水压更能满足城市供水管网安全性，但同时需要保证居民的正常用水。

设定城市供水管网总水压缺口的最小值为服务功能优化目标。当节点水压低于最低水压时，用户无法获取所需用水量，节点处于断流状态。失效工况下，最低水压与失效节点水压的差值表现了节点功能有待提升的部分，所有失效节点水压缺口之和为整个城市供水管网待优化的功能值。

$$\min P_{\mathrm{d}} = \sum_{j=1}^{n} \max\left(P_{\min} - P_j\right) \tag{4-1}$$

式中：P_{d}——城市供水管网的总水压缺口；

$P_{\min}$——城市供水管网节点最低水压；

P_j——失效工况下城市供水管网节点 j 水压；

n——节点数。

4.2.2 经济优化目标

城市供水管网的成本目标主要反映在建造成本上，以管径作为主要的决策变量，从而在预算范围内选择最优解。因此，选取满足水力约束条件的最低费用方案显得尤为重要。经济性主要关注水源泵站的修建、管网管线的合理规划等，特别是针对管段的优化组合设计，是当前城市供水管网经济性优化研究的热点。

考虑经济性因素，城市供水管网的优化组合设计对于整个管网建造成本影响较大。水源泵站和管网内部的建造费用占比不大，另外，管网依靠城市的地形地貌的经济性调控空间小，对于不同方案的经济性影响不大。在城市供水管网设计阶段，管线的拓扑结构往往与水源点和用户节点的位置相关。利用管段和管径计算城市供水管网的经济优化目标。

$$\min C = \sum_{i=1}^{p} f\left(D_i, L_i\right) \tag{4-2}$$

式中：C——城市供水管网的总成本；

D_i——从商用管径集合 $\{D\}$ 中选出的第 i 根管段管径；

L_i——第 i 根管段管长；

p——管段数。

4.2.3 约束条件

城市供水管网优化设计必须符合工程的设计要求，也要满足管网的水力条件，统称管网多目标优化数学模型的约束条件。其约束条件如下。

● 质量守恒：每个节点必须平衡流入和流出。

- 能量守恒：在同一点开始和结束的每个闭环中的水头损耗必须为零。
- 管段水头损失：通过管道直径、管道长度和材料计算每条管段的水头损失。
- 最低水压约束：各节点的压力不应小于最小压力。
- 可用管径：管径需从市场销售的商用管径集中选择。

优化的数学公式如下。

（1）节点流量的连续性方程：节点流入量和流出量必须保持平衡。

$$\sum Q_{\text{in}} - \sum Q_{\text{out}} = Q_{\text{e}} \tag{4-3}$$

式中：Q_{in}——节点的管段流入量；

Q_{out}——节点的管段流出量；

Q_{e}——额外需求或供给量。

（2）能量守恒约束：能量守恒约束是指在呈环状的供水管网中，每一个闭合环内的各管段水头损失的代数和为零，也称为回路约束。

$$\sum_{k \in \text{loop}_1} \Delta H_k = 0 \tag{4-4}$$

式中：ΔH_k——管段 k 的水头损失。

（3）管段水头损失：

$$\sum_{i \in I_p} H_{L,i} + \sum_{j \in J_p} H_{p,j} = \Delta E$$

$$H_L = KQ^{1.852} = 10.654 \left(\frac{Q}{C} \right)^{1.852} \frac{1}{D^{4.87}} L \tag{4-5}$$

式中：$H_{L,i}$——管段 i 的水头损失；

$H_{p,j}$——水泵 j 所增加的水头；

ΔE——管段两端节点之间的能量差；

H_L——利用 Hazen-Williams 公式计算的阻力。

（4）节点水压约束：节点水压大于或等于节点最低水压。

$$P_j > P_{j,\min} \tag{4-6}$$

（5）标准管径约束：所选管径需符合标准管径集限制。

$$D_i \in D \tag{4-7}$$

式中：D——标准管径集合。

4.3 失效情境

本章考虑的两种失效情境为：经典优化情境和级联失效情境。在经典优化情境中，城市供水管网通过选择管径来满足多个优化目标。级联失效情境涉及失效传播过程。城市供水管网中若存在级联失效，会大幅降低城市供水管网的性能。

城市扩张是可能导致级联失效的原因之一。例如，由于人口和工业的急剧增长，用水需求随之增加。节点新的需求模式加重了初始设计的负担，同时，城市发展要求城市供水管网大规模供水或高压供水。在这种情况下，城市供水管网虽然在原始设计中表现良好，但无法满足城市日益发展的新要求。

4.3.1 参数设置

城市供水管网的级联失效可通过网络承载力和负载进行观察。此处，承载力表现为失效工况下组件能够承受的额外网络流量。负载为流过该网络组件的网络流。城市供水管网是一种具有自身资源约束和资源供给关系的实体网络，需要考虑供给与需求的均衡性。因此，将满足水力要求的节点服务水压选定为节点初始负载。

城市供水管网扰动发生后，可能触发网络流量重分布。若节点负载超过节点承载力，将会造成节点服务功能大幅削减并产生新的网络失效。因此承载力是衡量失效是否会触发的关键因素。随着城市扩张和城市人口及工业的增加，城市供水管网需求产生变化，节点需水量已不同于管网初始设计。从社会经济发展视角下，有必要考虑节点水压的变化情况。

定义节点水压的最高承载力为

$$P_{k,\max} = (1+\alpha)P_{k,\mathrm{ser}} \tag{4-8}$$

式中：$P_{k,\mathrm{ser}}$——节点 k 在正常工况下的服务水压；

α——节点容忍度参数，$\alpha>0$。表现为城市供水管网节点所能够承受的额外压力。

节点水压偏高可能会加重管网渗漏。节点水压过高会导致爆管。因此，为保证城市供水管网的有效运行，管网中节点水压应控制在一个合理范围内。

4.3.2 基于管段的失效

城市供水管网的攻击模式可划分为随机攻击和蓄意攻击两种。随机攻击通常是指来自城市供水管网外部或内部的威胁，如自然灾害和人为破坏，或组件失效对城市供水管网的影响。基础设施系统能够有效抵抗随机攻击，却对蓄意攻击表现出极强的脆弱性。蓄意攻击通常指组件受到有针对性的损坏、化学或生物攻击下的失效。某些关键节点或管段的故障将造成整个城市供水管网脆弱。

因此，本章重点研究的是蓄意攻击模式。对城市供水管网而言，蓄意攻击又可进一步划分为基于节点的蓄意攻击和基于管段的蓄意攻击。由于管段失效在城市供水管网中更为普遍，本章所关注的是基于管段的蓄意攻击。

4.3.3 假设和仿真过程

1. 城市供水管网级联失效模型基本假设

节点：需求节点有有效运行、失效和服务削减3种状态。节点的有效运行状态指节点压力不低于节点最低水压且不高于节点最高水压。服务削减状态指节点水压低于节点服务水压但高于节点最低水压。

管段：管段有有效运行和失效两种状态。管段的有效运行指水可以从起始节点流向终止节点。失效状态下，管段无法传输水。

多失效工况：某一管段失效可能导致多条管段失效。例如，如果连接源节点的管段（如储罐或水库）以及需求节点发生故障，与其相连的节点将失去功能。因此，单一管段失效可能会触发多个节点的故障。这些发生故障的节点将进一步导致其他管段失效。其失效取决于城市供水管网拓扑和水力分析。

级联终止条件：当城市供水管网不再有新的管段失效，即管网重新恢复到静止状态后，级联失效终止。

2. 城市供水管网级联失效模型模拟流程

使用 Matlab 调用 Epanet 工具包，并读取城市供水管网中的基本信息，如拓扑结构、节点高程、基本需求、管道直径、管道长度和管道材料。正常工况下的节点服务水压可利用 Epanet 计算获得。引入需水因子来分析供水和需水关系。利用容忍度参数计算节点最高水压。

水压缺口是每根管段失效所触发的级联故障静止后总水压缺口的平均值。设定初始失效始于某管段。对级联故障过程执行 3 项分析：① 通过隔离检测识别其他与管网断路的故障组件。例如，如果管段的两个节点，即初始节点和终端节点都失效，则该管段被识别为隔离管段。② 模拟组件的状态。通过水力分析计算失效条件下的节点水压和流量。根据节点故障状态识别后续故障节点。设置失效节点的实际需水量为零。③ 通过拓扑分析，更新管网网络结构。利用关联矩阵按水流方向进行网络拓扑结构更新。与失效节点相连的下游管段被识别为新的失效组件。对这些过程进行模拟，直到城市供水管网达到一个新的稳定状态，即没有新的失效组件产生。总水压缺口根据城市供水管网级联失效停止后的节点水压和节点最低水压要求进行计算。

4.4　粒子群优化

利用帕累托前沿能够处理多目标优化问题。PSO 是受鸟群启发提出的算法，该方法能够开展离散多维度搜索。该算法中，每个粒子受到全局最优个体和局部最优个体的双重影响。利用粒子所寻找到的历史最优纪录来存储寻优过程中所生成的非劣解集。利用全局搜索机制合并历史非劣解集激励全局非劣解集收敛。PSO 可以在单目标优化中实现高速收敛。Coello 等[64]开发了一个扩展的 PSO 来处理多目标优化问题。使用次级粒子库来引导其他粒子的飞行，并引入了突变运算符来丰富粒子的探索能力。与其他标准的多目标优化算法相比，扩展的 PSO 以更少的计算时间实现了在探索帕累托前沿方面的高性能。因此，本章采用该多目标 PSO 算法来检验最小成本和最小总水压缺口。

步骤 1：加载基本信息。

加载城市供水管网管段的管径、管长和粗糙系数；节点的高程、基本需水量和需水因子等基本信息。

步骤 2：设置粒子群优化算法参数。

以城市供水管网管径为决策变量，变量的决策区间为商用标准规格管径。将每根管段管径设置为一个解维度，对城市供水管网所有管段管径进行优化。

步骤3：随机初始化种群中各粒子位置和速度。

将空粒子集复制到种群的形状矩阵中。进行粒子初始化，生成初始化矩阵。根据粒子初始化矩阵计算城市供水管网建设成本和抗级联失效可靠性。

步骤4：评估每个粒子。

（1）更新粒子位置和速度。

计算每个粒子速度：

$$v_{i+1} = wv_i + c_1r_1(P_{best} - x_i) + c_2r_2(rep_h - x_i) \qquad (4-9)$$

计算每个粒子位置：

$$x_i = x_i + v_i \qquad (4-10)$$

式中：w——惯性权值；

c_1，c_2——个体学习因子和群体学习因子；

r_1，r_2——（0，1）之间随机数；

P_{best}——粒子的个体极值；

rep——全局最优位置；

rep_h——从非劣解集中选取的占优位置。

从非劣解集中随机选择一个主导粒子出发开始寻找，计算每个粒子速度，并更新位置。对更新后的粒子位置取整，并确保每个粒子更新的位置都在约束区间内。当搜索空间超出其边界时，维护搜索空间内的粒子以避免生成不在有效搜索空间上的解决方案。

（2）计算突变运算符。

$$P_o = \left(1 - \frac{k-1}{\max k - 1}\right)^{\frac{1}{\mu}} \qquad (4-11)$$

式中：P_o——变异算子；

k——当前迭代次数；

$\max k$——总迭代次数；

μ——突变率。突变运算符激励更多粒子探索帕累托最优前沿。

对每个粒子生成随机数，若随机数小于变异算子，则对粒子位置进行变异。记录个体极值 P_{best}。若随机数大于等于变异算子，则不执行变异。

（3）记录群体极值。

比较当前所有的个体极值和前迭代周期的群体极值，更新群体极值 g_{best}。若当前个体极值最优，则将群体极值更新为当前个体最优位置。若前迭代周期的群体极值最优，则不做任何更新。

步骤 5：更新非劣解集。

通过矩阵复制，将本次寻找到的非劣解更新到非劣解集中，重新对比确定新的非劣解集，即仅保留非劣解在非劣解集中。最后，根据每个粒子的位置来更新网格以产生分布均匀的帕累托前沿。若粒子位于网格的当前边界之外，则重新计算网格，保证每个个体都能被重新安置。由于非劣解集是有限的，检查非劣解集是否已经饱和，如饱和，则剔除多余值。

步骤 6：迭代停止。

若达到要求精度或迭代次数，则停止搜索，绘制出多目标优化图形，将群体非劣解集转化为矩阵，输出结果。如果不满足，则转至步骤 4。

4.5 算例分析

本节研究双环管网（two-loop network，TLN）和 Hanoi 管网（HAN）的经典优化方案和级联失效优化方案。

4.5.1 TLN 管网

TLN 管网由 Alperovits 等[65]提出。TLN 管网结构图如图 4.1 所示，管网数据详见表 4.1。TLN 由 8 根管段组成，分为 2 个环，包括 6 个需求节点和 1 个具有 210.0 m 固定水头的水库。每根管段的长度为 1 000 m。每个节点的最低水压不超过地面高度 30 m。管段的 Hazen-Williams 系数为 130。可用标准管径集包含 14 种管径，范围为 25.4～609.6 mm。搜索空间相当于 14^8 个不同的城市供水管网设计。TLN 管网管段成本详见表 4.2。

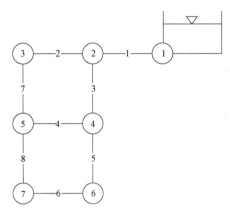

图 4.1 TLN 管网结构图

表 4.1 TLN 管网数据

节点	需求/ (m³/h)	高程/ m	节点	需求/ (m³/h)	高程/ m
1（水源）	−1 120	210	5	270	150
2	100	150	6	330	165
3	100	160	7	200	160
4	120	155			

表 4.2 TLN 管网管段成本

管径/英寸	管径/mm	成本	管径/英寸	管径/mm	成本
1	25.4	2	12	304.8	50
2	50.8	5	14	355.6	60
3	76.2	8	16	406.4	90
4	101.6	11	18	457.2	130
6	152.4	16	20	508	170
8	203.2	23	22	558.8	300
10	254	32	24	609.6	550

4.5.2　HAN 管网

HAN 管网由 Fujiwara 等[54]提出。HAN 管网结构图如图 4.2 所示，HAN 管网数据详见表 4.3。HAN 管网由 32 个节点、34 根管段和 3 个环组成。它有一个 100.0 m 固定水头的水库。每个节点的最低水压不超过地面高度 30 m。管段的 Hazen-Williams 系数为 130。可用标准管径集包含 6 种管径，范围为 304.8～1 016 mm。搜索空间相当于 6^{34} 个不同的城市供水管网设计。HAN 管网管段成本详见表 4.4。

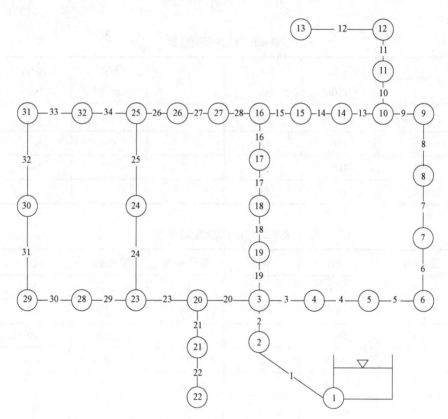

图 4.2　HAN 管网结构图

表 4.3 HAN 管网数据

节点	需求/ （m³/h）	管段	长度/m	节点	需求/ （m³/h）	管段	长度/m
1（水源）	−19 940	1	100	17	865	18	800
2	890	2	1 350	18	1 345	19	400
3	850	3	900	19	60	20	2 200
4	130	4	1 150	20	1 275	21	1 500
5	725	5	1 450	21	930	22	500
6	1 005	6	450	22	485	23	2 650
7	1 350	7	850	23	1 045	24	1 230
8	550	8	850	24	820	25	1 300
9	525	9	800	25	170	26	850
10	525	10	950	26	900	27	300
11	500	11	1 200	27	370	28	750
12	560	12	3 500	28	290	29	1 500
13	940	13	800	29	360	30	2 000
14	615	14	500	30	360	31	1 600
15	280	15	550	31	105	32	150
16	310	16	2 730	32	805	33	860
		17	1 750			34	950

表 4.4　HAN 管网管段成本

管径/英寸	管径/mm	成本	管径/英寸	管径/mm	成本
12	304.8	45.726	24	609.6	129.333
16	406.4	70.400	30	762.0	180.748
20	508.0	98.378	40	1 016.0	278.280

4.5.3　经典优化情境结果

TLN 管网帕累托前沿如图 4.3 所示。最低成本为 0.419×10^6 单位，计算结果同 Savic 等[66]、Cunha 等[67]、Eusuff 等[68]、Liong 等[69]所获得的最优解一致。HAN 管网帕累托前沿如图 4.4 所示。最低成本为 624 单位。最低成本方案低于 Fujiwara 等[54]所优化的 632 单位。

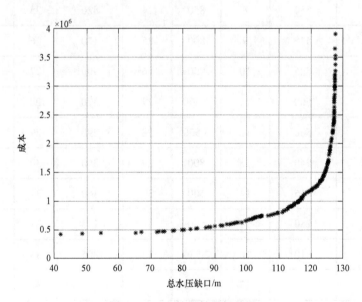

图 4.3　TLN 管网帕累托前沿

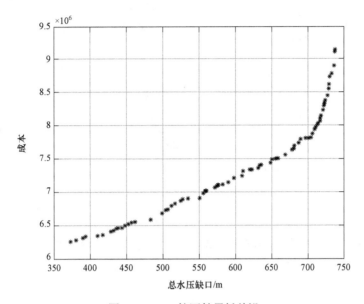

图 4.4   HAN 管网帕累托前沿

TLN 管网和 HAN 管网在经典优化情境下的结果表明,扩展的 PSO 不仅可以找到成本最小的最优解,而且还可以得到帕累托前沿,能够为满足不同的设计要求提供更多的解决方案。以经典优化情境中的帕累托前沿作为基线,继而验证级联失效条件下的城市供水管网性能。

4.5.4   级联失效情境结果

图 4.5 和图 4.6 分别显示了 TLN 管网和 HAN 管网在经典优化情境和级联失效情境下的帕累托优化前沿。

为对比级联失效情境和经典优化情境的差异,设定级联失效容忍度参数 α=30。容忍度参数限定了城市供水管网最大节点水压。当管网节点最高水压足够大时,即若失效导致的管网节点水压远高于节点初始水压,不会触发由于节点水压超过最大节点水压的失效现象。

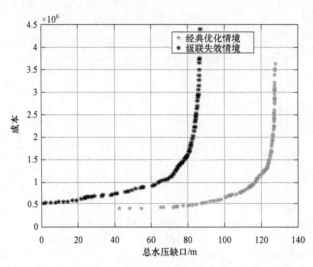

图 4.5 TLN 管网在经典优化情境和级联失效情境下的帕累托优化前沿

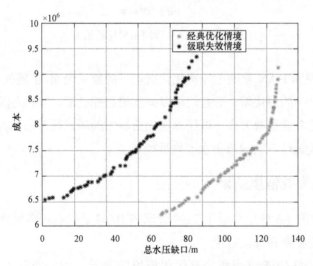

图 4.6 HAN 管网在经典优化情境和级联失效情境下的帕累托优化前沿

根据粒子随机生成管径。只有能够满足最小节点水压要求的管径解才能进一步进入级联失效情境模拟。模拟包括了级联失效过程，并计算成本和压差。以每一根管段为初始失效，进行管网级联失效模拟。对管网中所有管段均进行级联失效模拟。最终，级联失效情境下的压差计算为所有管段级联失效模拟后压差的平均值。

结果显示，经典优化情境的帕累托前沿优于考虑级联失效情境的帕累托前沿均。在水头压差一致的情况下，级联失效情境成本高于经典优化情境；在成本相同的情况下，级联失效情境的水压差低于经典优化情境。

TLN 管网中，级联失效情境下最低成本为 0.535×10^6 单位，相比经典优化情境下最低成本高出 0.116×10^6 单位。级联失效情境下压差最大值为 86.53 m，比经典优化情境下的压差最大值降低 40.98 m。

HAN 管网中，级联失效情境下最低成本为 653 万元，相比经典优化情境下最低成本高出 29 万元。级联失效情境下压差最大值为 488 m，比经典优化情境压差最大值降低 251 m。

级联失效情境和经典优化情境在小型和中型管网上均体现出相同的趋势，即供水管网考虑级联失效后，其衡量城市供水管网功能的压差指标明显降低，相同压差条件下管网所需的整体成本升高。级联失效是一种低概率但高损失失效工况，考虑了由于某一根管段失效所导致的失效大范围传播的情况。若忽视级联失效，仅考虑成本和压差目标优化，会导致管网无法抵抗级联失效，使城市供水管网变得更加脆弱。

4.5.5 容忍度参数的比较分析

容忍度参数 α 表现为城市供水管网能够承受的额外压力，忽略管网中管段成本和设计原因等因素影响，设置一定的容忍度参数 α，能够表示随着时间推移老化管段承载力下降的问题，由此用以衡量城市供水管网的健康状况。α 越大，表示城市供水管网越健康、承载力越高，能够容忍节点压力变化并保证有效供水的能力越强；相反，α 越小，表示城市供水管网老化程度越高，承载力下降，管网锈蚀严重，有效管径降低，有效供水能力越弱。

图 4.7 比较了 TLN 管网容忍度参数变化（$\alpha = 0.1$，0.3，0.5，30）对多目标优化帕累托前沿的影响。可见，小型 TLN 管网对级联失效不敏感，不同容忍度参数的帕累托前沿出现重合现象。对比图 4.5 和图 4.7 可以发现，级联失效会对 TLN 管网性能造成损害，但由于 TLN 管网规模较小，不同容忍度参数

对管网的级联损害差异不明显。

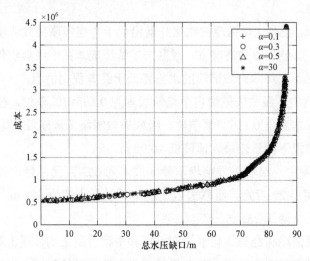

图 4.7 TLN 管网容忍度参数变化对多目标优化帕累托前沿的影响

图 4.8 比较了中型管网 HAN 容忍度参数变化（α = 0.1，0.3，0.5，30）对多目标优化帕累托前沿的影响。α = 30 时，所形成的帕累托前沿均优于其

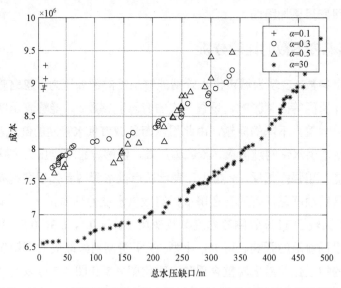

图 4.8 HAN 管网容忍度参数变化对多目标优化帕累托前沿的影响

他 3 种情况下的帕累托前沿。可见，在保证相同有效供水的情况下，城市供水管网健康，即不考虑节点最高水压限制时所需的成本最少。例如，在 $\alpha = 30$ 时，城市供水管网压差为 200 m 所对应的管网成本为 700 万元。而在相同压差条件下，$\alpha = 0.3$ 时管网成本为 831 万元；$\alpha = 0.5$ 时管网成本为 832 万元，均高于 $\alpha = 30$ 时的管网成本。

此外，可以发现，当城市供水管网严重老化时，即使考虑较高建设成本仍不能达到有效抵抗级联失效的目的。当 $\alpha = 0.1$ 时，该工况中取得的最大压差仅为 14.27 m，最优解个数远低于其他级联失效工况。因此城市供水管网的定期维护保养对抵抗级联失效有重要意义。同时，帕累托前沿在 $\alpha = 0.3$ 和 $\alpha = 0.5$ 时变化差异不大，两条前沿线有交叉部分。可见 HAN 管网的老化状态对级联失效并不敏感，只有当 α 很小（如 $\alpha = 0.1$ 时的帕累托前沿）时，才会出现显著性的变化。

对比图 4.6 和图 4.8 可以看出，级联失效会影响供水管网性能。但不同容忍度参数受管网规模影响，其结果存在差异。TLN 属于小型城市供水管网，不同容忍度参数得到的帕累托前沿相同。而 HAN 属于中型城市供水管网，对容忍度参数敏感，容忍度参数越小，管网性能降低，达到相同性能的成本越高。

模型在经典优化情境和级联失效情境下计算得到了帕累托前沿。其不关注单一目标的优化问题，如只关注最小成本或最大压差。相反，模型结合了这两个目标，并提供了一组非劣解集。这些非劣解集能够为决策者提供丰富的城市供水管网优化方案。例如，帕累托前沿可以提供成本最低、功能最多的解决方案，或任何满足决策者需求的解决方案。如何选择帕累托前沿的解决方案取决于城市用水需求、市政预算和决策者对管网韧性的期望。

本 章 小 结

本章建立了一种城市供水管网级联失效多目标优化模型。多个目标同时考虑了最小化最大压差和最低成本，并将管径作为优化决策变量，以质量和能量守恒定律、节点水压、标准管径作为约束条件。利用扩展的 PSO 计算帕累托前沿。考虑了两种情境，即经典优化情境和级联失效情境。对两种情境均考虑最小化最大压差和最低成本的多目标优化。利用两个基准的城市供水管网，即小型 TLN 和中型 HAN 管网进行验证。在经典优化情境下，扩展的 PSO 能够在两个基准城市供水管网上找到最优成本解。进而完成对级联失效情境的优化测试。

级联失效情境与经典优化情境的对比结果显示，经典失效情境下所得到的帕累托前沿优于级联失效情境。供水管网考虑级联失效后，其衡量城市供水管网功能的压差指标明显降低，相同压差条件下管网所需的整体成本升高。进一步测试了级联失效情境下不同容忍度参数对城市供水管网造成的影响。小型 TLN 管网对容忍度参数不敏感。在不同的容忍度参数条件下均得到了相同的帕累托前沿。然而，中型 HAN 管网对容忍度参数敏感，当 $\alpha=0.1$ 时，仅发现少数非劣解。有必要结合多目标优化确定关键管段及其最佳管径，进行有针对性的维修和改造工作。这将为城市供水管网的维护和更换提供一个更现实的解决方案。另外，对城市供水管网的多目标优化问题可以引入后备方案，例如，引入额外的水泵、阀门或增加管网冗余度等工程措施来获得更多可行的解决方案。

5

城市供水管网韧性

增强策略研究

供水管网是一项复杂的系统工程项目，供水管网在设计、建设以及运行阶段，都需要将供水管网的可靠性放在首位，尽力做好预防和控制措施，以提高供水管网正常运行的有效性。不然一旦遭受外界破坏，或者在传送过程中管道发生破裂和爆管，任何管段或者节点的故障都可能在系统中迅速传播和扩散，造成大范围网络的瘫痪。为了有效地管理和规划供水系统，水务管理者和设计者应制定各项预防和控制策略，以提升供水管网的可靠性。

为了能够为用户提供正常用水，针对供水管网进行全周期的管理是预防失效的关键。主要包括：① 探讨住宅和工业用户周期性的用水规律，从设计角度考虑，保障管网在不确定需求条件下的可靠性。② 引进先进的检测设备，不断强化主动检漏工作，对易渗漏管段、节点和易渗漏区域实施 DMA 分区管理，合理设置管段截止阀，缩小级联失效的影响区域。③ 积极推行管网的改造工程，对于各类管段的运行状态进行预判，切实保障低压区用户正常用水，新建规划合理且质量高的管网系统。

5.1 将韧性作为评估供水管网性能的重要标准之一

以往城市供水管网性能评估主要是对脆弱性、可靠性、风险等的衡量，但相对于这些概念，韧性所评估的性能更全面。韧性是指吸收局部失效、快速恢复并维持基本服务功能、适应环境长期变化和不确定性扰动的能力。由于气候变化、城市扩张等，城市供水管网的脆弱性有所增加，传统的量化风险管理不再有效。

在城市供水管网设计阶段对其韧性进行评估，可以提前测试拟建管网在面对不同攻击时的性能，如果韧性较好，则说明管网抵抗失效及从中恢复的能力较强，可以投资建设，否则，要对管网进行改进优化。性能不好的管网投入建设不仅会造成资源的浪费，还会严重影响用户的用水保障。在城市供水管网实际运行阶段，利用 Epanet 等软件进行对各种攻击模式下的水力模拟，测定管网的韧性性能，评估管网能否抵抗未来的不确定性攻击，若韧性较差则需确定管网中的薄弱之处，及时进行改进优化。

目前城市的结构和运营对供水管网效率的依赖性越来越强，水务管理者应该在原脆弱性和可靠性评估的基础上将韧性作为管网性能评价的重要标准之一。

5.2 保障不确定性需求条件下城市供水管网服务功能

供水管网的供求关系有很大的不确定性，每天的用水需求表现为供过于求、供求均衡以及供不应求等情况，特别是在供水系统的需水量及其时间变化方面，从第 4 章得出的结论中可以看出，所迭代出的帕累托前沿中，供过于求优于供求均衡，优于供不应求。此外，不确定性可能存在于实际管道特性方面，不确定性会随着供水管网的老化而变化，在管网老化时，也就是容忍度参数变低的情况下，供水管网的抗级联可靠性会降低，容易发生级联失效现象。因此，在水压设定和蓄水池水位设计等方面会参照操作规范，供水系统的管网布局和功能要求方面也会随着时间的变化而变化。设计者通常从满足成本最低的可行性条件下进行设计，为此，不可预见的自然灾害、人为破坏或者人口增长问题将导致供水系统发生级联失效。因此，本节主要从用户需求变化的角度考虑，在城市供水区域范围内，为保障居民的正常用水需求，制定相应的控制和预防措施，以保障供水系统的可靠性。特别是针对供不应求条件下的高峰用水时段，常见的预防措施包括：① 限制用水量；② 建造管道作为替代供水路径；③ 建造水箱作为备用水库；④ 选择大型蓄水池作为备用水源。多种替代和备用措施的选择，可进一步提升城市供水管网韧性。

同时，应该强化对供水设备的巡查和维护工作，确保设备在高峰供水期间的安全运行；加强供水调度，及时根据不同供水点的供水压力调节供水量，避免夜间水压过高造成爆管，也不会因高峰时段，水压过低造成水量不足，确保足量、足压供水。

5.3 增强城市供水管网冗余设计

由于城市化进程加快和人口增长，供水管网铺设范围越来越大，同时也增加了管网的复杂性。供水管网的扩建已导致需求发生变化，由于现有系统超负载而导致系统组件损坏。因此，在供水系统的设计过程中，必须强调系统性能的各个方面，比如弹性、冗余性和鲁棒性等。冗余设计可以提供替代的方式来提高应对外界极端破坏的能力。为了提高系统的冗余度，可以将供水系统设计为双管道或环形管网。特别是在供水系统设计过程中，确定管道直径和网络配置是提高系统冗余的最有效方法。另外，必须确定有效的管道布局以改善系统冗余，以便在各种影响因素（管道破裂或泄漏等）引发的级联失效下，维持管网的正常运转。

供水管网在设计阶段，应该满足区域内各个节点获得高质量的水。供水管网的性能受以下因素影响。

管道故障是主要因素。虽然管道故障导致的服务中断只会持续一段时间，但严重影响居民的正常生活以及工业的运转。因此，供水管网必须具有足够的冗余性来满足用户的需求。供水管网冗余取决于组件（包括管道、泵站以及阀门等）附加容量的可用性。供水管网的可靠性可以通过多种方式提高，如提高大尺寸管段的比例,在水源点和增压点提供增压泵,在水源节点处修建备用水箱,设置更多的隔离阀以便缩小管道故障引发的级联失效区域。

在非高峰时段,需求节点上可能出现供过于求的可能,但在高峰时段容易造成供应短缺问题。考虑到这些情况,可以向每户家庭提供可用于满足可变需求的缓冲存储器。因此,各类用户可以在高峰时期,通过缓冲存储器暂时解决供应短缺的问题,而这种存储不足的问题可以通过非高峰时期的过量供应来解决。因此,除了多余的管道容量外,还可通过提供节点存储来提高可靠性,从而可以满足用户在白天的用水需求。如果节点在一整天内以所需压力满足其全部要求,则认为该节点是可靠的。解决城市区域内高峰用水时段供不应求的情况,可采取的策略有以下 4 种。

(1) 建造水箱作为备用水源。供水公司需要建造一个新的取水设施,当前的水厂和供水设施无法满足日益增长的用户正常用水需求,因为老城区最初的设计,只能满足较少的用户用水需求。城市日益激增的人口对供水管网造成了巨大的压力,建造新的蓄水池是解决该地区用水问题最可取的方案。

(2) 对现阶段的供水管网进行改造和修复。有必要对 20 世纪末铺设的供水管网进行维护和保养。

(3) 激励实施节水措施。在家庭和工业中实施节水措施,可以大大降低用水率,因此可以将水扩展到无服务区域。在日常生活中,尤其是在浴室(淋浴头)和冲水马桶中使用节水装置等措施,可以大大节省水。工业中运用循环水可以减少水量的损失,从而节约用水。另外,雨水可以作为该地区的替代水源,以最低的成本将其用于日常生活。但是,供水公司认为住宅小区缺乏雨水收集的意识,因此应该进行公众意识教育,引导人们收集雨水以备将来使用。

(4) 加大对供水部门的投资。市政部门应优先对供水部门进行足够的投资,如建造新的地下蓄水池,以增加可供应的水量。此外,还应将管道扩展到目前水管无法服务的区域。投资于耐用且可靠性高的供水设备,可以降低运行和维护成本,并减少供水系统水流渗漏流失等问题。

5.4 加强城市供水管网失效检测和监测管理

城市供水管网应该加强管道失效的预测，并采用适当的事后控制措施。当管道出现故障时，可以通过关闭适当的阀门将其与系统隔离。因此，根据阀门的位置，可以将一个或一组管道与系统隔离。为加强城市供水管网监测管理水平，可以运用供水管网 GIS 系统、监测实时通信系统、大数据分析等方式，关注易破裂、易渗漏管段和节点。供水公司应该采取主动控制的方式，引进先进设备，强化主动检漏，做好事前监测控制。在管段发生失效时，应该采取应急措施，阻断管网级联失效进一步发展。

1. 引进先进设备，强化主动检漏

供水管网的失效是由网络的节点或者管段，由于老化而导致物理故障引起的。基于对结构形式和连接性的分析，来识别供水管网中的脆弱部分非常重要。由于测漏人员的资源有限，而管网的新漏损点会持续出现，因此，必须拟订有效的策略进行测漏工作。

2. 加强故障隔离机制的建设

组件破损概率可以从历史记录中推断出来，并使用适当的概率分布进行建模。在漏损管段确定之后，截止阀的位置确定对提高系统可靠性也起着重要作用，直接影响系统中被隔离的区域。截止阀的合理分布，可以在故障发生时，尽可能减小失效区域的范围。

管网失效控制的一种常见做法，是通过永久关闭隔离阀，将供水管网划分为多个小区域，称为 DMA。这有助于供水公司通过测量每个 DMA 的进水流量来识别突发事件，并估计泄漏量。实行分区计量是管网失效控制的基础，从 2014 年开始，绝大部分城市的供水公司，开始推广分区计量管理（DMA）的管理模式。DMA 是利用精确的管网拓扑结构，实行 DMA 分区管理，能够分析区域用水量的变化趋势，分析管网管段失效发生的规律，及时发现管网运行中的安全隐患，消除管网的漏点，实现管网的安全、可靠运行，减小系统级联失效的影响范围。

管网管理分公司负责 DMA 的数据分析与管理系统，通过对每日实时和每月定期的数据监测，统计出水量异常的情况，整理出机电不同步明细表。设备供应商在接收分公司派发的任务单后，针对区域内的管网进行全面排查和调试，确定管道或节点故障的位置，进行及时地维修、更换，然后将抢修结果反馈回分公司。管网巡查小组定期针对供水管网进行排查和检漏工作，特别是对易渗漏区域，由分公司提供漏点监测任务单，积极检测管道是否存在漏点情况，如果有，报送施工方进行漏点修复。

5.5　积极推进城市供水管网更新改造工程

加强供水管道基础设施改造，保证用水水质与水量。在满足用水需求的同时，需要保证饮用水质达标。随着人们生活水平的提高以及对于健康的重视程度加强，人们对用水水质的要求也逐渐提高。目前，老旧小区的供水管网由于使用时间较长，其老化问题严重。供水管网老化会带来水质问题，造成水资源污染，对居民的生活产生了一定程度的影响，严重老化的管道还存在多处漏损，造成淡水资源的浪费。

1. 供水管网更新改造工程规划措施

2017 年 6 月北京市人民政府办公厅印发的《加快推进自备井置换和老旧小区内部供水管网改造工作方案》、2015 年 7 月天津市水务局发布的《天津市城市供水规划（2011—2020）》、2019 年 8 月河北省水利厅、河北省发展与改革委员会联合制定的《河北省节水行动实施方案》均对相应省市供水管网改造提出了要求。考虑到管道使用年限和破损程度，分批分期对供水管道进行更新改造。《住房和城乡建设部办公厅　国家发展改革委办公厅关于加强公共供水管网漏损控制的通知》（建办城〔2022〕2 号）强调，到 2025 年全国城市公共供水管网漏损率力争控制在 9% 以内。

因此，政府部门应依据各地区政策文件的要求，积极响应国家号召，加大供水管网基础设施更新改造力度，争取在 2025 年将城市公共供水管网的漏损率控制在 9% 范围内。主要分批对使用年限超过 50 年、经常出现爆管漏水和使用落后管材的管道进行更新改造，并时常加以维护，尽量避免供水管网漏水点的出现，降低管道的漏损率，实现保证水量的同时提高水质，为居民长期稳定供水。

2. 供水管网更新改造工程建设措施

老旧供水管网改造应与先进技术水平相结合。随着生产化水平的提高,智慧水务、区块化管理、互联网+城乡供水模式、新型管材、管网 GIS 地理信息系统等先进的技术和方法应运而生。老旧供水管网改造的设计、施工与运行都应利用这些先进的技术与管理方法,提高供水企业的竞争力,降低管网漏损率,进而提高供水水质与水量保证率,缓解地区供需矛盾。

供水管网系统作为重要的基础设施,需要政府相关部门确保其正常运作,定期进行检查,防止泄漏、水质下降或者供水中断的现象出现。城市供水管网错综复杂,应通过技术创新手段查找管道渗漏点,提高供水效率,节约成本。同时,还应加大对农村地区供水管网建设的投资力度,提升农村供水管网的覆盖范围,使农村人都能够喝到安全、健康的饮用水,并满足他们正常的用水需求。通过完善供水管网建设和加大管道基础设施更新改造的力度,来实现京津冀城市群水资源的优化调度。

本 章 小 结

本章为城市供水管网韧性增强提出合理化策略。具体包括:① 将韧性作为评估供水管网性能的重要标准之一。② 保障不确定性需求条件下城市供水管网服务功能。③ 增强城市供水管网冗余设计。④ 加强城市供水管网失效检测和监测管理。⑤ 积极推进城市供水管网更新改造工程。未来,水务部门和相关政府部门可以参考这些策略开展城市供水管网韧性规划建设工作。

参 考 文 献

[1] XU L, KAJIKAWA Y. An integrated framework for resilience research: a systematic review based on citation network analysis[J]. Sustainability science, 2018, 13(1): 235-254.

[2] TODINI E. Looped water distribution networks design using a resilience index based heuristic approach[J]. Urban water, 2000, 2(2): 115-122.

[3] PRASAD T D, PARK N. Multiobjective genetic algorithms for design of water distribution networks[J]. Journal of water resources planning and management, 2004, 130(1): 73-82.

[4] JAYARAM N, SRINIVASAN K. Performance-based optimal design and rehabilitation of water distribution networks using life cycle costing[J]. Water resources research, 2008, 44(W014171).

[5] AWUMAH K, GOULTER I, BHATT S K. Entropy-based redundancy measures in water-distribution networks[J]. Journal of hydraulic engineering, 1991, 117(5): 595-614.

[6] TANYIMBOH T T, TEMPLEMAN A B. Optimum design of flexible water distribution networks[J]. Civil engineering systems, 1993, 10(3): 243-258.

[7] CREACO E, FRANCHINI M, TODINI E. Generalized resilience and failure indices for use with pressure-driven modeling and leakage[J]. Journal of water resources planning and management, 2016, 142(040160198).

[8] JEONG G, WICAKSONO A, KANG D. Revisiting the resilience index for water distribution networks[J]. Journal of water resources planning and management, 2017, 143(UNSP 040170358).

[9] ZHENG F, SIMPSON A R, ZECCHIN A C. An efficient hybrid approach for multiobjective optimization of water distribution systems[J]. Water resources research,

2014, 50(5): 3650-3671.

[10] WANG Q, CREACO E, FRANCHINI M, et al. Comparing low and high-level hybrid algorithms on the two-objective optimal design of water distribution systems[J]. Water resources management, 2015, 29(1): 1-16.

[11] BI W, DANDY G C, MAIER H R. Use of domain knowledge to increase the convergence rate of evolutionary algorithms for optimizing the cost and resilience of water distribution systems[J]. Journal of water resources planning and management, 2016, 142(UNSP 040160279).

[12] SURIBABU C R. Resilience-based optimal design of water distribution network[J]. Applied water science, 2017, 7(7): 4055-4066.

[13] ALVISI S, FRANCHINI M. A heuristic procedure for the automatic creation of district metered areas in water distribution systems[J]. Urban water journal, 2014, 11(2): 137-159.

[14] DI NARDO A, DI NATALE M. A heuristic design support methodology based on graph theory for district metering of water supply networks[J]. Engineering optimization, 2011, 43(PII 9274013082): 193-211.

[15] CAMPBELL E, IZQUIERDO J, MONTALVO I, et al. A novel water supply network sectorization methodology based on a complete economic analysis, including uncertainties[J]. Water, 2016, 8(1795).

[16] RAAD D N, SINSKE A N, van VUUREN J H. Comparison of four reliability surrogate measures for water distribution systems design[J]. Water resources research, 2010, 46(W05524).

[17] BANOS R, RECA J, MARTINEZ J, et al. Resilience indexes for water distribution network design: a performance analysis under demand uncertainty [J]. Water resources management, 2011, 25(10): 2351-2366.

[18] GRECO R, DI NARDO A, SANTONASTASO G. Resilience and entropy as indices of robustness of water distribution networks[J]. Journal of hydroinformatics, 2012, 14(3): 761-771.

[19] TANYIMBOH T T, SIEW C, SALEH S, et al. Comparison of surrogate measures

111

for the reliability and redundancy of water distribution systems[J]. Water resources management, 2016, 30(10): 3535-3552.

[20] HASHIMOTO T, STEDINGER J R, LOUCKS D P. Reliability, resiliency, and vulnerability criteria for water resource system performance evaluation[J]. Water resources research, 1982, 18(1): 14-20.

[21] ZHUANG B, LANSEY K, KANG D. Resilience/availability analysis of municipal water distribution system incorporating adaptive pump operation[J]. Journal of hydraulic engineering, 2013, 139(5): 527-537.

[22] OUYANG M, DUEÑAS-OSORIO L. Time-dependent resilience assessment and improvement of urban infrastructure systems[J]. Chaos: an interdisciplinary journal of nonlinear science, 2012, 22(3): 33122.

[23] ZHAO X, CHEN Z, GONG H. Effects comparison of different resilience enhancing strategies for municipal water distribution network: a multidimensional approach[J]. Mathematical problems in engineering, 2015, 2015: 16.

[24] CIMELLARO G P, TINEBRA A, RENSCHLER C, et al. New resilience index for urban water distribution networks[J]. Journal of structural engineering, 2016, 142(8): C4015014.

[25] DIAO K, SWEETAPPLE C, FARMANI R, et al. Global resilience analysis of water distribution systems[J]. Water research, 2016, 106: 383-393.

[26] KLISE K A, BYNUM M, MORIARTY D, et al. A software framework for assessing the resilience of drinking water systems to disasters with an example earthquake case study[J]. Environmental modelling & software, 2017, 95: 420-431.

[27] YAZDANI A, OTOO R A, JEFFREY P. Resilience enhancing expansion strategies for water distribution systems: a network theory approach[J]. Environmental modelling & software, 2011, 26(12): 1574-1582.

[28] YAZDANI A, JEFFREY P. Water distribution system vulnerability analysis using weighted and directed network models[J]. Water resources research, 2012, 48(W06517).

[29] DI NARDO A, DI NATALE M, GIUDICIANNI C, et al. Complex network and

fractal theory for the assessment of water distribution network resilience to pipe failures[J]. Water science and technology-water supply, 2018, 18(3): 767-777.

[30] ZARGHAMI S A, GUNAWAN I, SCHULTMANN F. Integrating entropy theory and cospanning tree technique for redundancy analysis of water distribution networks[J]. Reliability engineering & system safety, 2018, 176: 102-112.

[31] MENG F, FU G, FARMANI R, et al. Topological attributes of network resilience: a study in water distribution systems[J]. Water research, 2018, 143: 376-386.

[32] FARAHMANDFAR Z, PIRATLA K R. Comparative evaluation of topological and flow-based seismic resilience metrics for rehabilitation of water pipeline systems[J]. Journal of pipeline systems engineering and practice, 2018, 9(1).

[33] ELIADES D G, POLYCARPOU M M. Leakage fault detection in district metered areas of water distribution systems[J]. Journal of hydroinformatics, 2012, 14(4): 992-1005.

[34] PEREZ R, SANZ G, PUIG V, QUEVEDO J, et al. Leak localization in water networks a model-based methodology using pressure sensors applied to a real network in barcelona[J]. IEEE control systems magazine, 2014, 34(4): 24-36.

[35] PÉREZ R, PUIG V, PASCUAL J, et al. Pressure sensor distribution for leak detection in barcelona water distribution network[J]. Water science and technology: water supply, 2009, 9(6): 715-721.

[36] CUGUERÓ-ESCOFET M À, GARCÍA D, QUEVEDO J, et al. A methodology and a software tool for sensor data validation/reconstruction: application to the catalonia regional water network[J]. Control engineering practice, 2016, 49: 159-172.

[37] ELIADES D G, POLYCARPOU M M. A fault diagnosis and security framework for water systems[J]. Ieee transactions on control systems technology, 2010, 18(6): 1254-1265.

[38] ELIADES D G, POLYCARPOU M M. Water contamination impact evaluation and source-area isolation using decision trees[J]. Journal of water resources planning and management, 2012, 138(5): 562-570.

[39] LAMBROU T P, ANASTASIOU C C, PANAYIOTOU C G, et al. A low-cost sensor

network for real-time monitoring and contamination detection in drinking water distribution systems[J]. Ieee sensors journal, 2014, 14(8): 2765-2772.

[40] HAGOS M, JUNG D, LANSEY K E. Optimal meter placement for pipe burst detection in water distribution systems[J]. Journal of hydroinformatics, 2016, 18(4): 741-756.

[41] SELA L, AMIN S. Robust sensor placement for pipeline monitoring: mixed integer and greedy optimization[J]. Advanced engineering informatics, 2018, 36: 55-63.

[42] BRUNEAU M, CHANG S E, EGUCHI R T, et al. A framework to quantitatively assess and enhance the seismic resilience of communities[J]. Earthquake spectra, 2003, 19(4): 733-752.

[43] CHANG S E, SHINOZUKA M. Measuring improvements in the disaster resilience of communities[J]. Earthquake spectra, 2004, 20(3): 739-755.

[44] GHEISI A, NASER G. Water distribution system reliability under simultaneous multicomponent failure scenario[J]. Journal american water works association, 2014, 106(7): E319-E327.

[45] BERARDI L, UGARELLI R, RØSTUM J, et al. Assessing mechanical vulnerability in water distribution networks under multiple failures[J]. Water resources research, 2014, 50(3): 2586-2599.

[46] GHEISI A, NASER G. Multistate reliability of water-distribution systems: comparison of surrogate measures[J]. Journal of water resources planning and management, 2015, 141(10): 4015018.

[47] LUCELLI D, GIUSTOLISI O. Vulnerability assessment of water distribution networks under seismic actions[J]. Journal of water resources planning and management, 2015, 141(040140826).

[48] WAGNER J M, SHAMIR U, MARKS D H. Water distribution reliability - simulation methods[J]. Journal of water resources planning and management-asce, 1988, 114(3): 276-294.

[49] GIUSTOLISI O, WALSKI T M. Demand components in water distribution network analysis[J]. Journal of water resources planning and management, 2012, 138(4):

356-367.

[50] ISLAM M S, SADIQ R, RODRIGUEZ M J, et al. Reliability assessment for water supply systems under uncertainties[J]. Journal of water resources planning and management, 2014, 140(4): 468-479.

[51] GUPTA I, GUPTA A, KHANNA P. Genetic algorithm for optimization of water distribution systems[J]. Environmental modelling & software, 1999, 14(5): 437-446.

[52] ALPEROVITS E, SHAMIR U. Design of optimal water distribution systems[J]. Water resources research, 1977, 13: 885-900.

[53] SHERALI H D, SUBRAMANIAN S, LOGANATHAN G V. Effective relaxations and partitioning schemes for solving water distribution network design problems to global optimality[J]. Journal of global optimization, 2001, 19(1): 1-26.

[54] FUJIWARA O, KHANG D B. A two-phase decomposition method for optimal design of looped water distribution networks[J]. Water resources research, 1990, 26(4): 539-549.

[55] RECA J, MARTINEZ J. Genetic algorithms for the design of looped irrigation water distribution networks[J]. Water resources research, 2006, 42(5).

[56] BRAGALLI C, D'AMBROSIO C, LEE J, et al. On the optimal design of water distribution networks: a practical minlp approach[J]. Optimization and engineering, 2012, 13(2): 219-246.

[57] 张亮, 宁芊. Cart 决策树的两种改进及应用[J]. 计算机工程与设计, 2015, 36(5): 1209-1213.

[58] 庄宝玉, 赵新华, 李霞. 基于延时模拟的供水管网可靠性分析[J]. 中国给水排水, 2009, 25(21): 105-108.

[59] MEHDI D, ASGHAR A. Pressure management of large-scale water distribution network using optimal location and valve setting[J]. Water resources management, 2019, 33(14): 4701-4713.

[60] ZHANG K, YAN H, ZENG H, et al. A practical multi-objective optimization sectorization method for water distribution network[J]. Science of the total environment, 2019, 656: 1401-1412.

[61] ZHENG F, ZECCHIN A C, NEWMAN J P, et al. An adaptive convergence-trajectory controlled ant colony optimization algorithm with application to water distribution system design problems[J]. Ieee transactions on evolutionary computation, 2017, 21(5): 773-791.

[62] GHEISI A R, NASER G. On the significance of maximum number of components failures in reliability analysis of water distribution systems[J]. Urban water journal, 2013, 10(1): 10-25.

[63] DI PIERRO F, KHU S, SAVIĆ D, et al. Efficient multi-objective optimal design of water distribution networks on a budget of simulations using hybrid algorithms[J]. Environmental modelling & software, 2009, 24(2): 202-213.

[64] COELLO C A C, PULIDO G T, LECHUGA M S. Handling multiple objectives with particle swarm optimization[J]. Ieee transactions on evolutionary computation, 2004, 8(3): 256-279.

[65] ALPEROVITS E, SHAMIR U. Design of optimal water distribution systems[J]. Water resources research, 1977, 13(6): 885-900.

[66] SAVIC D A, WALTERS G A. Genetic algorithms for least-cost design of water distribution networks[J]. Journal of water resources planning and management, 1997, 123(2): 67-77.

[67] CUNHA M D C, SOUSA J. Water distribution network design optimization: simulated annealing approach[J]. Journal of water resources planning and management, 1999, 125(4): 215-221.

[68] EUSUFF M M, LANSEY K E. Optimization of water distribution network design using the shuffled frog leaping algorithm[J]. Journal of water resources planning and management, 2003, 129(3): 210-225.

[69] LIONG S, ATIQUZZAMAN M. Optimal design of water distribution network using shuffled complex evolution[J]. Journal of the institution of engineers, singapore, 2004, 44(1): 93-107.